U0065871

間諜竊密事件簿

─人體城市的營運中心─

口腔・消化・排泄

顧問 張金堅

作者 施賢琴、張馨文、羅國盛
徐明洸、林伯儒、蘇大成、吳明修
何子昌、陳羿貞、王莉芳、蔡宜蓉

插圖 蔡兆倫、黃美玉

目錄

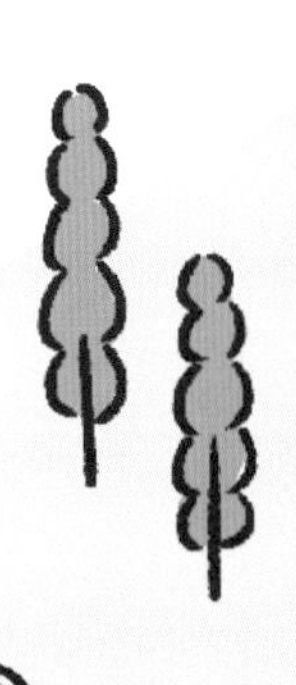

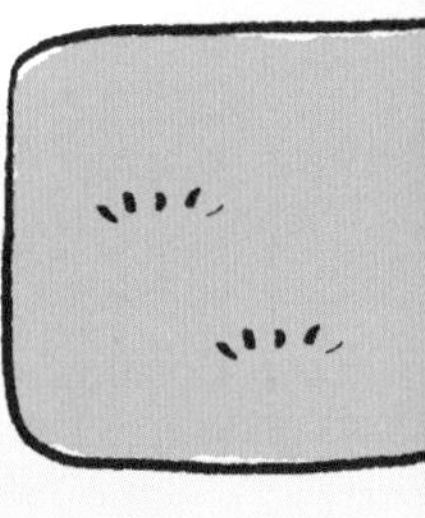

透過城市故事，認識自己的身體

我們都知道，身體各器官、組織都有特定的構造和功能，對小朋友來說，雖然在學校課堂上有相關課程，但往往一知半解，無法真正了解人體的全貌。

為了幫助小朋友認識自己的身體，建立正確的健康管理觀念，我們認為有必要推出一套有關健康知識系列的書籍，向小朋友解說人體的構造和功能。於是，由我邀集臺大醫院多位主治醫師，聯合執筆，從各自專精的醫學領域向小朋友解說身體各部位。同時，也邀請到兒童廣播節目資深主持人施賢琴小姐、張馨文小姐和羅國盛先生一起合作，經過大家多次會議討論，共同創造了「巴第市」這個城市故事。

「巴第」與英文「body」同音，意謂人體有如城市，各有不同部門和系統，彼此既分工又合作，讓整個城市運作正常。全書從器官談起，再談到負責輸送血液的心血管系統，以及呼吸、消化、免疫和神經系統等，都用最淺顯易懂的文字詳細描述，並透過巴第市生動的市政運作故事比擬解說，像是巴市長、大腦市政府、白血球警察、細菌怪客、眼睛觀測站和腎臟環保回收場等，對照豐富翔實的圖畫，使小朋友很容易閱讀和了解。

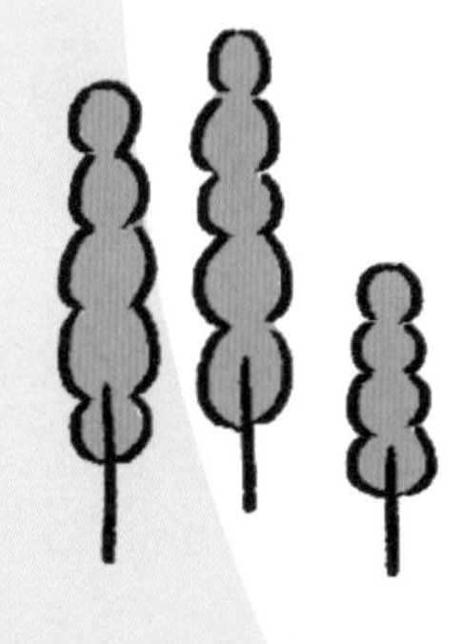

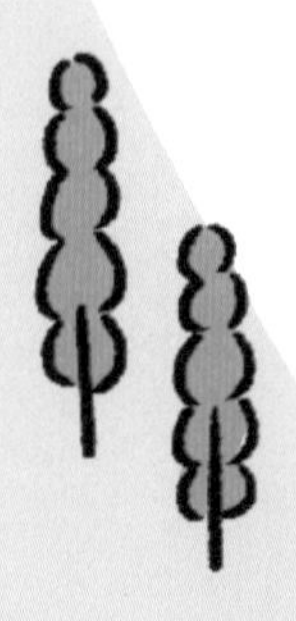

巴第市系列共有三冊，分別探討人體運作的三大系統。第一冊談人體的調節中心，解說大腦、五官和皮膚等；第二冊談人體的營運中心，介紹口腔、消化和排泄，幫助小朋友理解食物由口腔進入，到消化、排泄的過程；第三冊談人體的交通中心，也就是心臟、神經和肌肉，介紹輸送血液的血管、傳導訊息的神經和負責人體運動的肌肉等。

透過系統性的介紹，讓小朋友對自己的身體有全面性的認識和了解，也體會到身體的各個器官或組織，能夠互相協調，完成各項生理功能以維繫個體的生命，非常奧妙與偉大；也對造物者所做的每項精心安排，感到非常敬佩。

這套書能夠順利出版，感謝八位醫生的大力幫忙，他們在行醫忙碌之餘，還抽空執筆，真是難能可貴。另外，感謝製作兒童健康節目非常有經驗的施賢琴小姐創意撰稿，使內容更加生動活潑，以及張至寧小姐的企畫統籌。希望小朋友看了這套書，除了了解人體的奧祕外，也更懂得珍惜自己的生命。

顧問 **張金堅**

臺灣大學醫學院榮譽教授
乳癌防治基金會董事長

推薦序

巴第市，一件了不起的工程！

在我兒時就讀的小學，有一幅壁畫，就放在小朋友最愛去的販賣部前，我經常站在那一幅壁畫前，端詳良久。那是一幅把人類的消化系統，從嘴巴到肛門擬「工廠化」的圖。那一幅壁畫就像雕刻一樣，深深烙印在我腦海裡，整條消化道，畫滿了在做工的小人兒，栩栩如生，至今難忘。

一幅畫，都能吸引一個孩子，從此對人類深不可測、神祕的消化系統，產生好奇並進而理解。如果可以將各種人體器官，都能納為故事裡的各種角色，將人體各種奧妙的生理機能，都化為像小說一樣，有各種曲折驚險的故事，孩子們認識人體器官，了解生理的運作，想必也能如閱讀少年小說般，充滿驚喜與期待。

「巴第市系列」，便是這樣一套充滿雄心大志的著作，化艱深的人體為有趣的探險旅程。巴第，就是英文的 Body。整個人體，就是一座城市。在這座城市裡，有調節中心——大腦、五官、皮膚，有營運中心——口腔、消化、排泄，有調節中心——心臟、神經、肌肉。這座城市，依賴這些中心的正常運作來維繫，一旦這些中心發生不可測的故障或「人為操作」的失誤時，將產生各種不良的後果，影響城市的命脈。明明是枯燥無趣的醫學常識，透過「巴第市系列」的用心與趣味化的故事書寫，讀來引人入勝，這本身即是一件了不起的工程。

一起來巴第市參觀，也好好關心自己的人體城市狀態喔！

文 李佳燕

家庭醫師

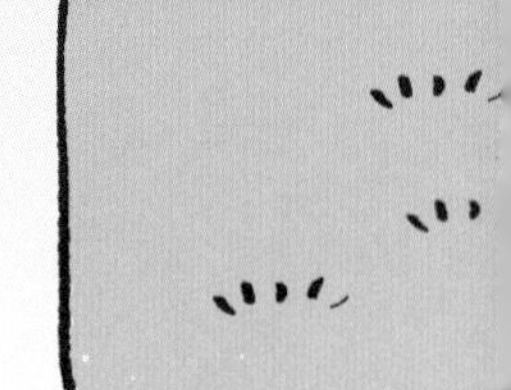

推薦序

用巴第市為孩子種下健康的第一桶金

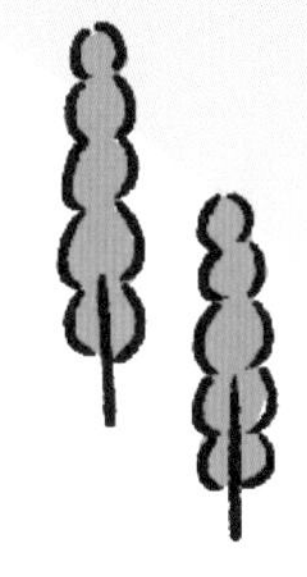

長年在國小任教，「健康教育」是我非常重視的科目，尤其孩子的視力、牙齒和姿勢等，小小改變大大不同。姿勢不良，導致近視視差嚴重，後來引發頭痛等，健康不過關，學習處處是困難，怎麼學習？

但長期的教學也發現，一味的禁止、責罵、提醒，效果有限，而最有用的則是引發孩子興趣，了解身體脈絡，知道後果影響，從根本做起，讓孩子了解自己的身體、知道運轉機制進而好好使用身體、清潔、保護，才是長遠之道。

欣見親子天下出版的「巴第市系列」，將整個人體比喻成一個城市系統，大腦當「市長」、五官是「雷達和塔臺」、白血球是「警察」等，用生動有趣，一看即理解的比喻，讓孩子從熟悉的舊經驗，馬上可以理解個的器官、系統功用，在三集書籍中，36 個有趣的故事，在人體遨遊，還自然而然達成科學探索、科普閱讀。

讀完這個系列，除了對於主要器官有大概認識。孩子最常見的嘴破、齲齒、肚子痛、拉肚子、消化不良、飲食均衡、正常定量細菌、運動的議題探索，也都容納其中。更值得讚賞的是，這套書是由國內專科醫師和兒童節目主持人主筆，橫跨臺大醫院婦產部、內科部、眼科部、牙科部、皮膚部、小兒部等 8 位不同專業的主治醫師撰稿，不僅專業，也沒有名詞銜接等問題。

健康第一，讓孩子平安健康是父母第一的想望，那麼從這套書認識、學習身體運作開始，從小就用知識為孩子種下健康的第一桶金吧！

文 **林怡辰**

資深國小教師、教育部 101 年度閱讀磐石個人獎得主

歡迎光臨
巴第市！

第一章

健康美食品味賽

舌頭與味覺

值日醫生：徐明洸叔叔

為了讓市民保有優質的健康，今天早上，巴市長在例行的市政會議上，宣布了一項重大的措施。

「為了市民的健康，從今天起，要嚴格審查送入巴第市的食物。」巴市長說。

新鮮味美的食物是市民重要的活力來源，所有送進巴第市的食物，都得先通過口腔食物進口中心的檢驗，不新鮮或口味過於奇特的食品，全都會被淘汰出局。為什麼口腔食物進口中心能清楚分辨每一種食物的味道呢？原來它有一個超厲害的舌頭檢驗中心。

舌頭檢驗中心除了能協助攪拌食物，還能分辨味道。因為在舌頭檢驗中心裡有許多檢驗員「味蕾」。每個味蕾檢驗員有 50 個到 100 個味道感應器，稱為味覺細胞。

舌頭檢驗中心大致可分為三個區域，分別名為舌尖、舌根和舌頭四周。在不同區域的味蕾檢驗員，對味覺的敏感程度也不同。位於舌尖的味蕾檢驗員對於甜味最敏感；舌頭四周的味蕾檢驗員擅長查驗鹹味和酸味；位於舌頭後方部位的味蕾則對苦味超級敏感；此

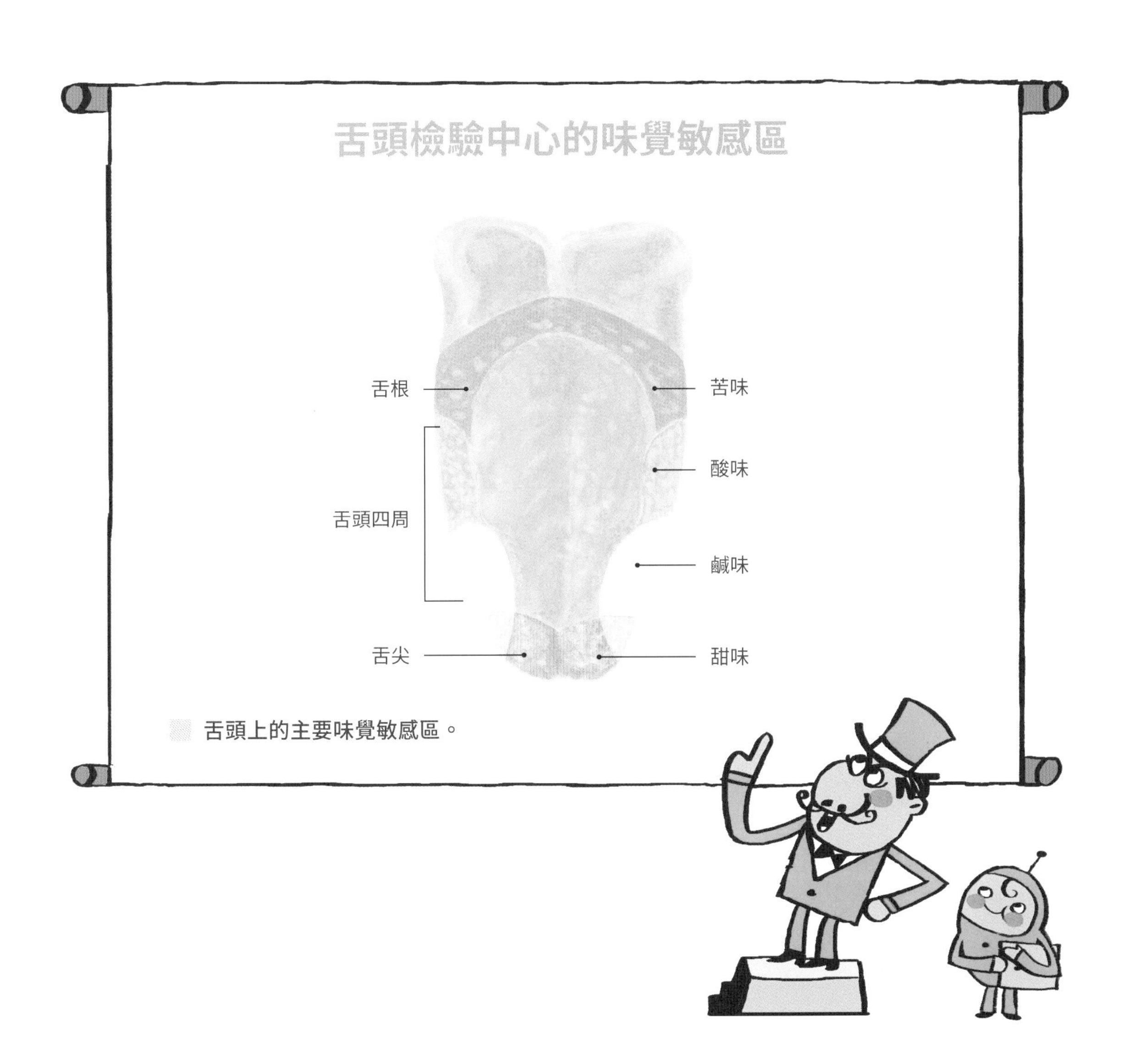

外，幾乎所有區域的味蕾，都可以檢驗到鮮味。

當食物味道的訊息透過味蕾檢驗員傳遞到味覺細胞後，會再沿著「味覺神經」傳送到大腦的味覺皮質區。

新政策頒布後，口腔食物進口中心立即展開滴水不漏的審核工作，除了提高食物新鮮度的審查標準外，連食物的烹煮方式和熱量的多寡，都列入了考核項目。私底下，有些市民忍不住抱怨，新政策讓他們無法品嘗油炸類和高熱量的美食，但是反對的聲浪卻無法動搖巴市長的堅持。

在幾個禮拜的鐵腕政策實行後，市民們交出了一張亮眼的健康成績單。新政策執行的結果，不只引起了其他人體城市的注意，更為巴第市爭取到擔任「健康美食品味賽」評審的機會。巴市長深

信，以口腔食物進口中心過去謹慎挑剔的態度，絕對能為其他人體城市選出最棒的健康美食，同時，也為巴第市再贏得另一次榮耀。

就在大夥兒蓄勢待發，準備大展身手時，口腔食物進口中心卻回報了令人錯愕的壞消息。

「什麼？舌頭檢驗中心的檢驗員不慎被熱水燙傷！」突如其來的壞消息，讓巴市長的心情變得沉重，「唉！這麼一來，功能恐怕會受到影響！」

原來，口腔食物進口中心運送熱水時，一時疏忽，沒注意食物的溫度，再加上動作過於急促，導致舌頭檢驗中心的味蕾檢驗員被熱水燙傷。過熱的食物會造成部分味蕾檢驗員的能力受到影響或喪失，而無法正確判斷食物的味道，必須等到幾天後，味蕾檢驗員的能力才能恢復。

原本打算在評審工作中好好發揮的巴第市，因為這起突發事件，只好忍痛放棄難得的機會。在經過幾天的休養後，舌頭檢驗中心的功能恢復了正常。雖然這回沒能好好的表現，但是「食緊挵破碗」的經驗也讓口腔食物進口中心深深警覺到，日後運送食物時，千萬不能貪快，不然，一旦燙傷或受損，任何好滋味都無法好好品嘗呢！

巴第市旅遊指南

公告：禁止攜帶的危險物品

1 尖銳物品（如魚刺、骨頭等）

2 溫度過高的開水或飲料

3 強酸或強鹼化學液體

勿帶違禁品　利人又利己，Happy Body Go Go Go

親愛的巴市長：

您好！我是超討厭苦味和酸味的小海。請問，為什麼舌頭能分辨出不同的味道？是不是為了要讓我們能吃到好吃的東西？

小海：

我們的舌頭可以分辨甜、酸、苦、鹹等四種基本味道，近年來，科學家發現，舌頭上的味蕾還可以辨識一種鮮味，像海帶、香菇等熬成湯的甘甜味道。味覺除了可以幫助我們享受美食之外，還有更重要的功能喔！

例如，「甜覺」可以幫助我們找到能量多的食物，因為這些食物大多吃起來很甜；「酸覺」可以幫助我們分辨腐敗的食物，因為它們大多吃起來有酸味；而「苦覺」可以幫助我們分辨自然界的毒物，因為大部分的有毒物質都有苦味，包括藥也是苦的。至於「鹹覺」，則可以幫助我們攝取人體所需的鹽分，以維持體內的電解質平衡。所以，從事高勞力工作、流汗很多的人大多會不自覺吃比較鹹的菜。

總括來說，味覺可以幫助我們攝取對人體有益的食物，避免吃進有毒或腐敗的食物，具有維護健康的功能。當然，如果味覺再配合正常的「嗅覺」，那麼，品嘗好吃的食物時就會感到「又香又好吃」囉！

小海，千萬別為了味道而偏食，記住攝取食物要美味，也要注意健康和營養喔！

喜歡各種滋味的巴市長　敬上

第二章

抱怨信
風波

咀嚼與吞嚥

值日醫生：徐明洸叔叔

巴市長剛進辦公室，就收到了來自胃食物加工廠的抱怨信：

「巴市長：由於口腔食物進口中心的怠惰，導致胃食物加工廠的工作量激增，請市長儘早處理！胃老闆敬上。」

一般來說，食物進入口腔後，舌頭檢驗中心的味蕾檢驗員會先對食物做初步檢查，以確定是否新鮮和口味正常，之後再由「牙齒研磨中心」對食物進行切割和研磨，稱為「咀嚼」。

當牙齒研磨中心執行咀嚼工作時，口腔食物進口中心會釋放唾液，除了可軟化食物，唾液中的澱粉酶還可分解食物中的澱粉。此外，舌頭檢驗中心也會對食物進行攪拌，方便牙齒研磨中心把食物磨碎。

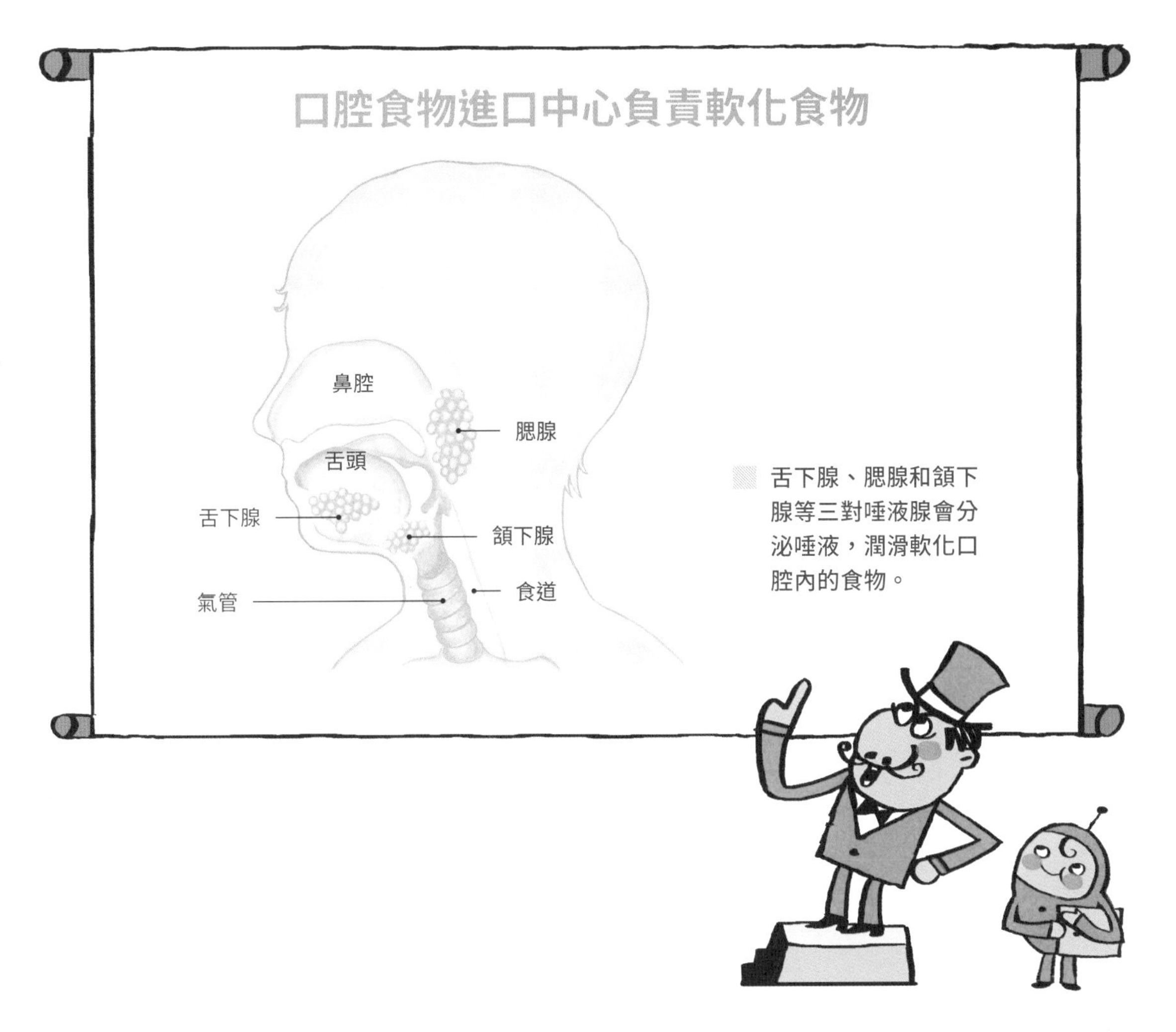

當食物變成黏塊狀的「食團」後，舌頭檢驗中心就會將它們往後推到咽喉，再透過吞嚥的方式，把食物送往食道，最後抵達胃食物加工廠。如果食物研磨不足，就會影響胃腸部門的分解和消化工作。

巴市長相當重視這封抱怨信，他要求口腔食物進口中心立即改善，務必讓食物呈現更細碎的狀態才往下推送，他可不想再收到另一封抱怨信。

「胃老闆太不夠意思了！」大嘴站長對於胃老闆的指責，相當不滿。「每天要處理這麼多食物，不管是硬的還是軟的，我們可是半點怨言也沒有！」

大嘴站長不打算理會胃老闆的要求，他認為增加口腔食物進口中心的工作量，而減輕胃食物加工廠的負擔，根本是不合理的。身為主管，他也應該捍衛工作夥伴的權益！

就在巴市長以為整個事件已經落幕時，市長辦公室又出現了抱怨信。

「巴市長：消化區的器官部門最近抱怨聲不斷，除了工作量暴增外，營養吸收工作也進行得不順暢，請儘快協助處理！消化區區長敬上。」

抱怨信的矛頭全指向口腔食物進口中心。巴市長實在搞不懂，明明提醒過大嘴站長了，為什麼情況毫無改善，反而更惡化呢？

面對巴市長的質問，大嘴站長只好坦承，他沒下達加強磨碎食物的指令，同時，為了能早點完成工作，運送食物的過程總是匆匆忙忙。

「你知不知道，口腔食物進口中心的怠惰，就快引起巴第市的大混亂了！」巴市長氣憤的說。

大嘴站長不盡責的態度惹惱了巴市長，他不僅被停職一個月，還得要接受「改進工作態度」的魔鬼訓練。這段期間，大腦市政府嚴密控管口腔食物進口中心的運作，任何食物都得經過二十次以上的研磨程序，另外加上精準的運送過程，脫序的情況才回復正常，現在，巴市長終於能擺脫抱怨信的陰影了。

巴第市旅遊指南

由於食物處理程序複雜，同時會伴隨不小的震動，考量遊客安全，所以，無法允許停留觀看。

我想停留觀看口腔食物進口中心處理食物的過程，可以嗎？

拒絕開放的理由

1 會被唾液淹沒

2 口腔咀嚼時，會被搞得頭昏眼花

3 有被壓扁的危險

親愛的巴市長：
您好！大家都叫我貪吃鬼，我超討厭這個綽號，可是不知道為什麼我看到好吃的東西，總是會流口水，真的是因為貪吃的緣故嗎？

貪吃鬼：

其實，看到好吃的食物時，口水，也就是唾液，真的會分泌得特別多喔！你一定很好奇這是為什麼吧？

每天，我們的口腔大約會分泌 1000cc 到 1500cc 的唾液。當我們進食時，口腔會傳遞訊息到大腦的唾液分泌中心，命令唾液腺多分泌一些唾液。即使我們並不是真的在吃東西，只是嘴巴咬咬東西（如鉛筆），或是想到、聞到好吃的食物，大腦都會下達指令，增加唾液的分泌。

唾液除了能幫助清潔口腔和殺菌，也和食物關係密切。例如，唾液能溶解食物中的化學成分，使食物產生味道；唾液能潤滑食物，有助食物形成食團；唾液還含有澱粉酶，可以分解食物中的澱粉，像是口腔細細咀嚼飯粒時，會慢慢感覺到飯粒產生的甜味，就是因為唾液將米飯中的澱粉分解成醣。

美食的魅力讓人難抗拒，你可以邀請大家一起分享，我想這樣應該沒人會再笑你是貪吃鬼囉！

也愛吃美食的巴市長　敬上

第三章

潔牙大作戰

牙齒上的蛀洞

值日醫生：陳羿貞阿姨

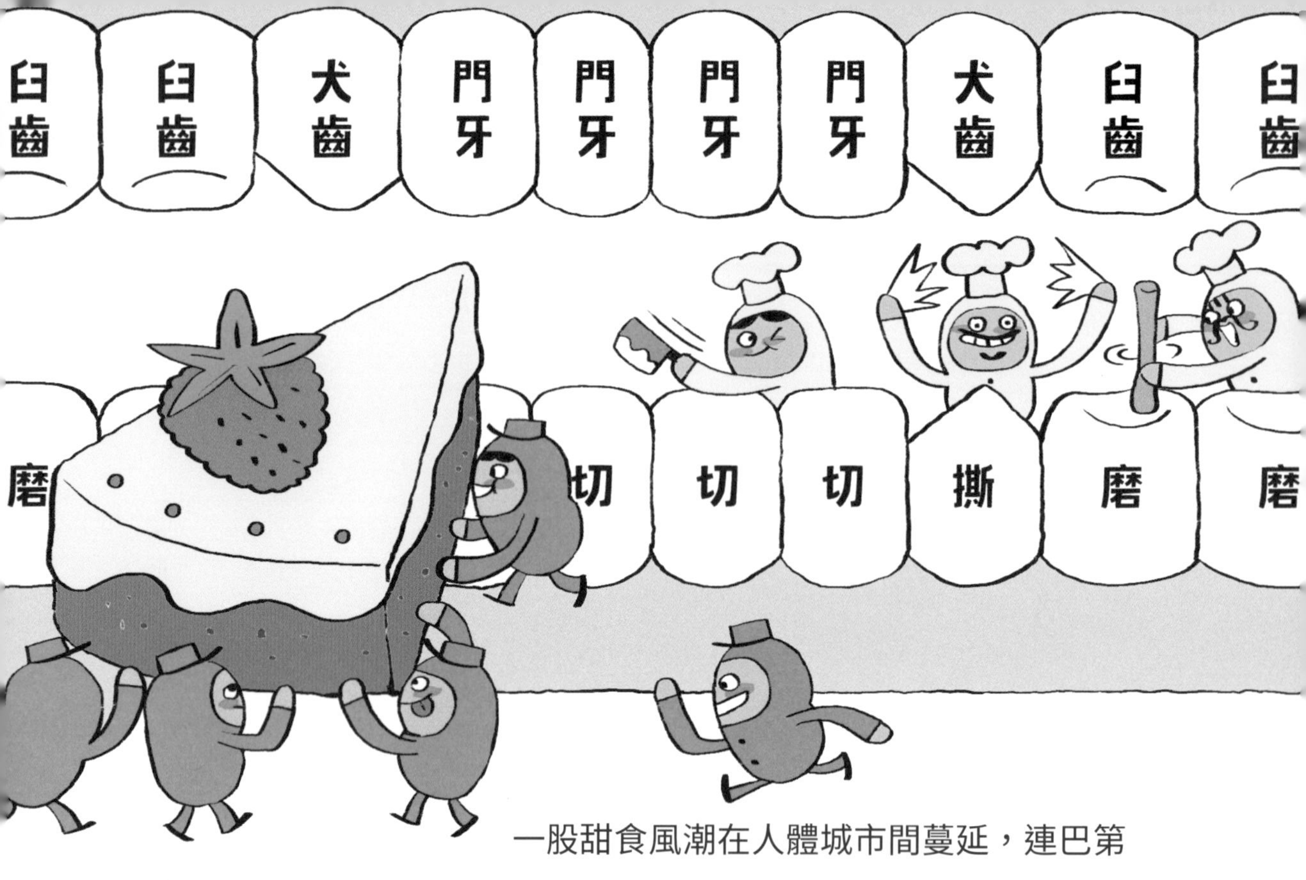

一股甜食風潮在人體城市間蔓延，連巴第市也抵擋不住這股狂潮。每天，口腔食物進口中心送入大量的蛋糕及甜點，牙齒研磨中心為了讓大夥兒嘗到好滋味，還得超時賣力工作呢！

為了處理各類送進巴第市的食物，牙齒研磨中心可說是配備充足。不同形狀的牙齒，功能各不相同，位於研磨中心最前方的「門牙」，能切斷食物；位於門牙旁邊的「犬齒」，負責撕、扯；犬齒後方的「小臼齒」和「大臼齒」則是負責磨碎。在分工如此精細下，大部分食物經過處理後，都會變成黏塊狀，之後再藉由吞嚥方式將食物團送到胃食物加工廠。

就在市民被甜食迷得昏頭轉向時，一項可怕的破壞計畫，正悄悄的在牙齒研

磨中心上演。

「嘿！嘿！再多點食物吧！我們的破壞計畫就能早日達成！」躲藏在牙齒研磨中心的細菌怪客得意的說。

牙齒研磨中心最外層結構「琺瑯質」，是人體城市中最堅硬的物質，如果受到損害，是無法自行修復或更換的。如果牙齒研磨中心在研磨食物後，留下食物殘渣，細菌怪客就會享用那些殘渣，並同步釋放「酸」。由於酸會腐蝕琺瑯質，留下小黑點，如果沒有即時處理，小黑點就會變成大黑洞，可形成強大破壞力，嚴重損害研磨中心的內層結構——牙髓和齒質。

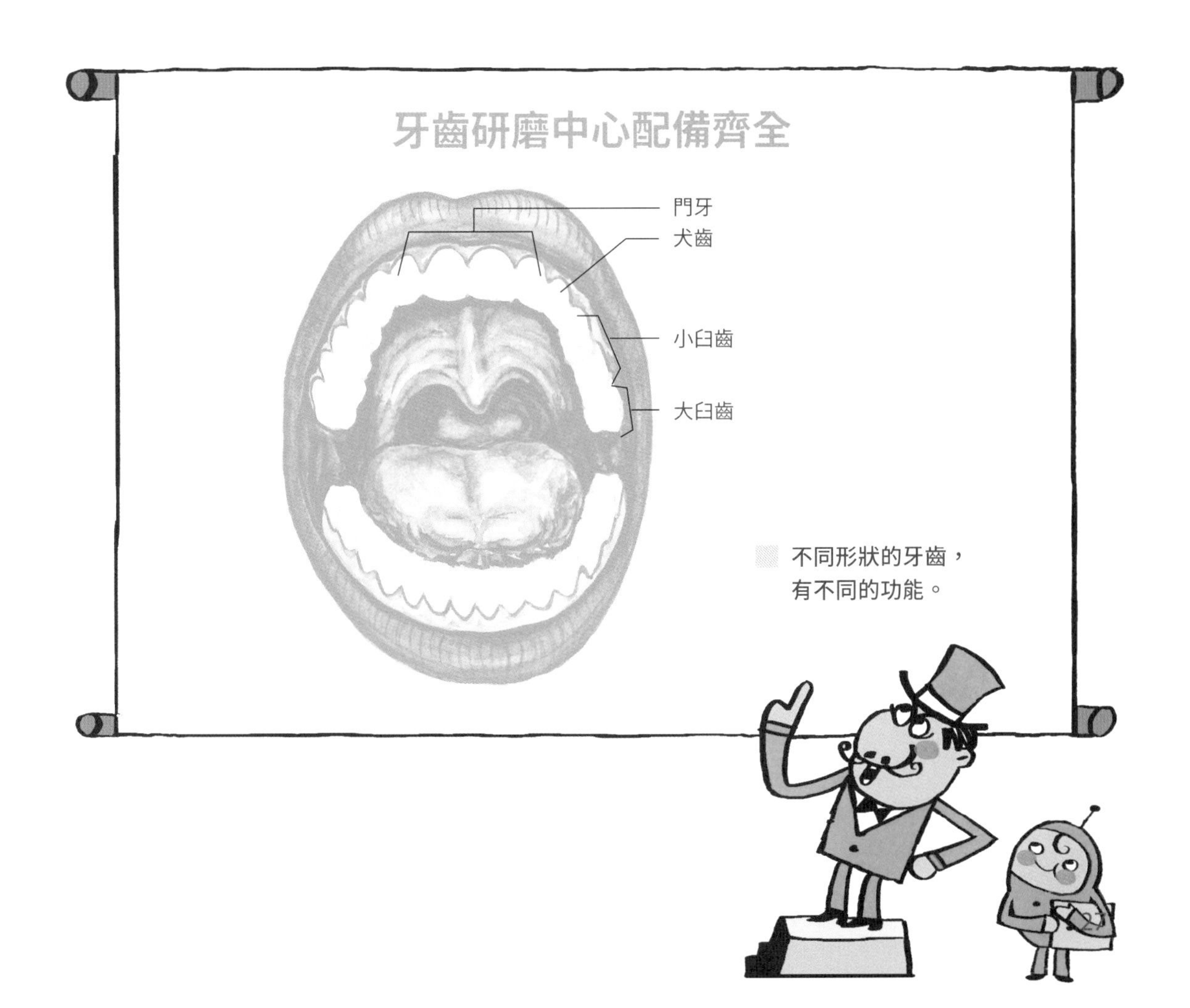

不同形狀的牙齒，有不同的功能。

牙齒研磨中心忙著處理甜食，完全疏忽清潔的工作，這給了細菌怪客一個絕佳的機會。他們準備在琺瑯質鑽個破紀錄的大洞。

「喀──喀──喀──」

不分日夜拚命的工作，細菌怪客終於在琺瑯質打出了一個小黑洞。他們相信只要持之以恆，破壞計畫遲早會成功的。

巴第市上上下下沒人發現這個危機，直到有一天，巴市長接到來自姊妹市的新消息。

「姊妹市的牙齒研磨中心遭受嚴重破壞，目前正在積極搶救中！」巴市長對於這樣的消息，感到相當遺憾，但也不禁擔心起巴第市的狀況。「咦！巴第市的牙齒研磨中心會不會也有問題？」

巴市長決定讓牙齒研磨中心做個澈底的檢查，結果，這個決定讓細菌怪客的破壞計畫提早曝了光。

一個小小的黑洞震驚了整個巴第市，「絕對不能讓細菌怪客得逞！」市民們激動的表達意見，巴市長當然不能坐視情況惡化。於是，潔牙大作戰全面展開。

當務之急是先填補小黑洞，讓細菌怪客無法繼續

作怪。接下來就是加強牙齒研磨中心的清潔工作。每一回，當食物研磨處理告一段落時，就以清水和清潔用具，把殘留在牙齒研磨中心裡的食物殘渣完全清除。

此外，為了避免重蹈覆轍，巴市長決定安排定期檢查，不讓細菌怪客的破壞計畫死灰復燃。

這回，巴第市為了趕流行，差點付出慘痛的代價，還好及早發現，事情才沒有失控。看來，凡事還是得三思，謹慎點才好！

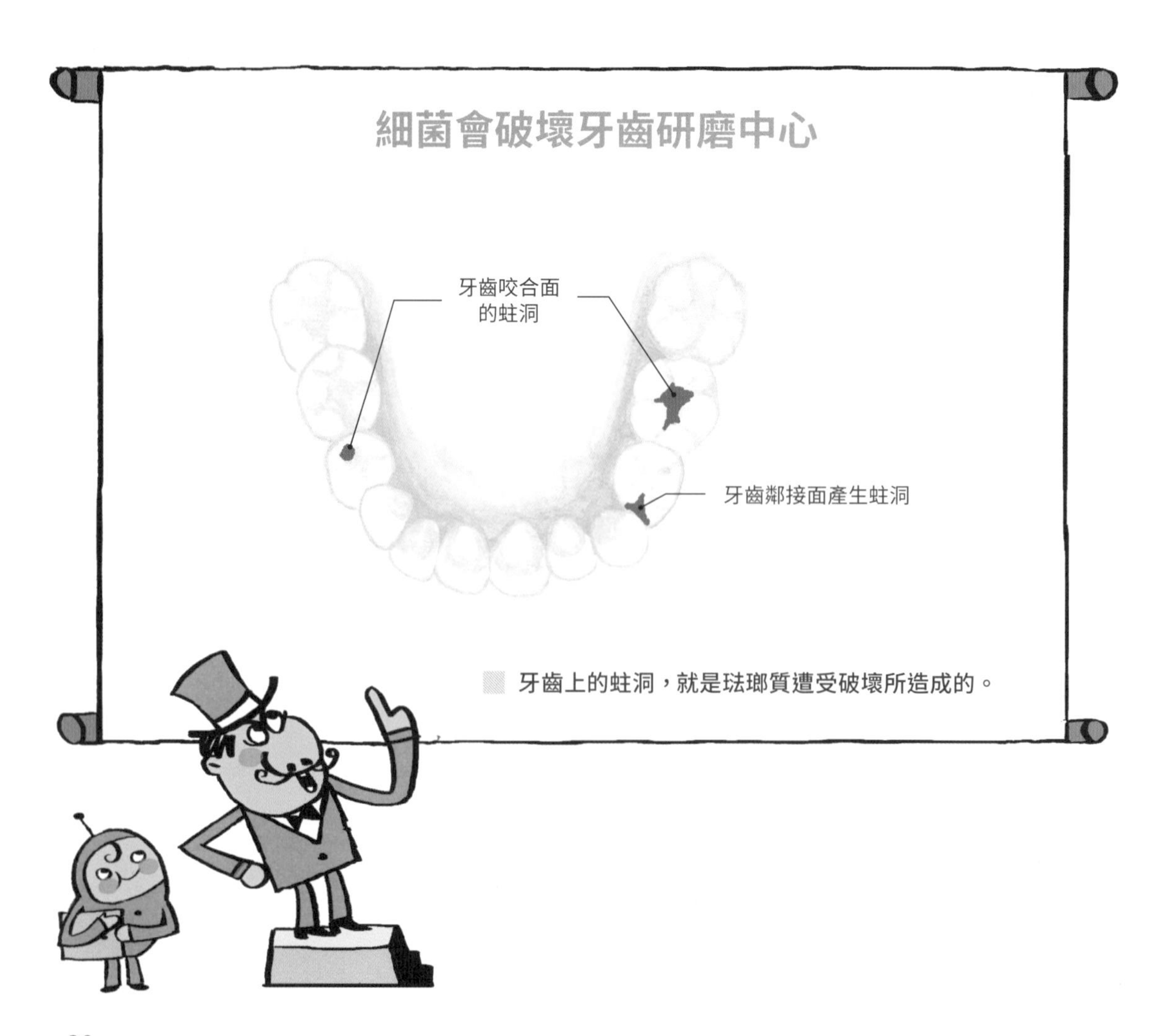

牙齒上的蛀洞，就是琺瑯質遭受破壞所造成的。

巴第市旅遊指南

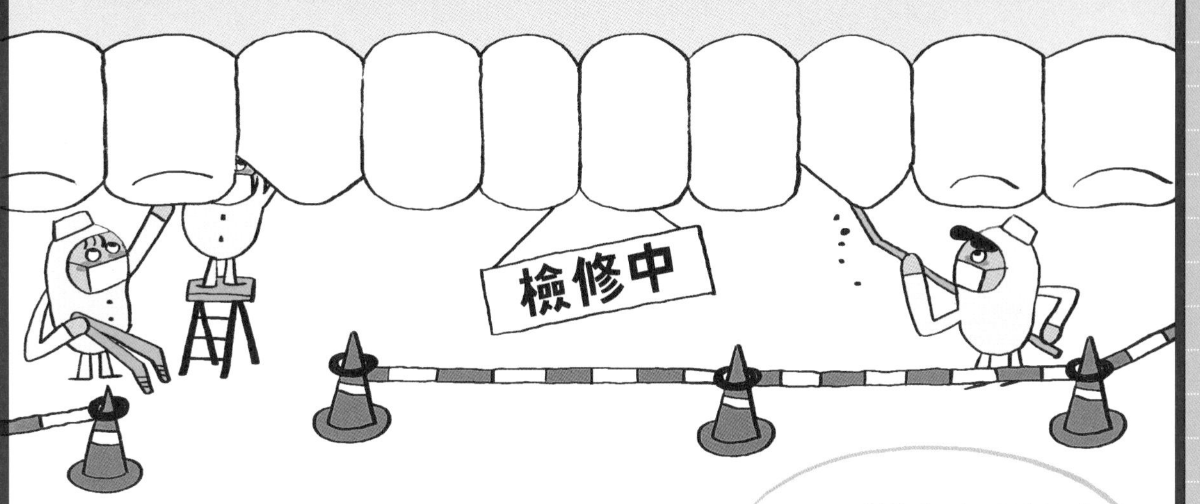

檢修中

牙齒研磨中心本日不開放參觀。難道它每週有固定的休假日嗎？
呵……並沒有喔！牙齒研磨中心每年只有 2 次不對外開放。因為每隔 6 個月，牙齒研磨中心會做定期檢查，以維持最佳的工作狀態。
行前先規畫　避免失遊興，Happy Body Go Go Go

親愛的巴市長：

您好！我是愛吃糖的小蜜，大人老是說愛吃糖的小孩容易蛀牙，這是真的嗎？有沒有什麼方法，可以吃糖但不蛀牙呢？

愛吃糖的小蜜：

如果吃完食物沒有立刻刷牙，食物殘渣就會成為細菌生長的營養來源。當細菌不斷滋生繁殖時，很容易就形成牙菌斑，附著在牙齒表面。

這些形成牙菌斑的細菌會分解醣類食物（碳水化合物）而產生酸。雖然牙齒最表層的琺瑯質很堅硬，但是在酸性環境中，牙齒的礦物質成分會慢慢被溶解，進而導致表面軟化，最後出現坑洞，就是我們一般說的「蛀牙」。

小朋友都喜歡吃糖，而糖會被細菌分解而產生酸，酸則會侵蝕牙齒。因此，吃完糖要馬上刷牙，才能保護牙齒，預防蛀牙喔！

吃完糖會乖乖刷牙的巴市長　敬上

第四章

夥伴城市的祕密

乳牙與恆牙

值日醫生：陳羿貞阿姨

新一期人體城市健康研討會中，牙齒研磨中心該如何清潔、維修，成為會議中討論的焦點。大家踴躍表達各式各樣的意見，不過，大半是錯誤的。

為了建立正確的觀念，巴第市和另一座人體城市自告奮勇的擔任起「潔牙宣導活動」的推廣城市。

「這回，巴第市和夥伴城市絕對能把活動辦得有聲有色！」巴

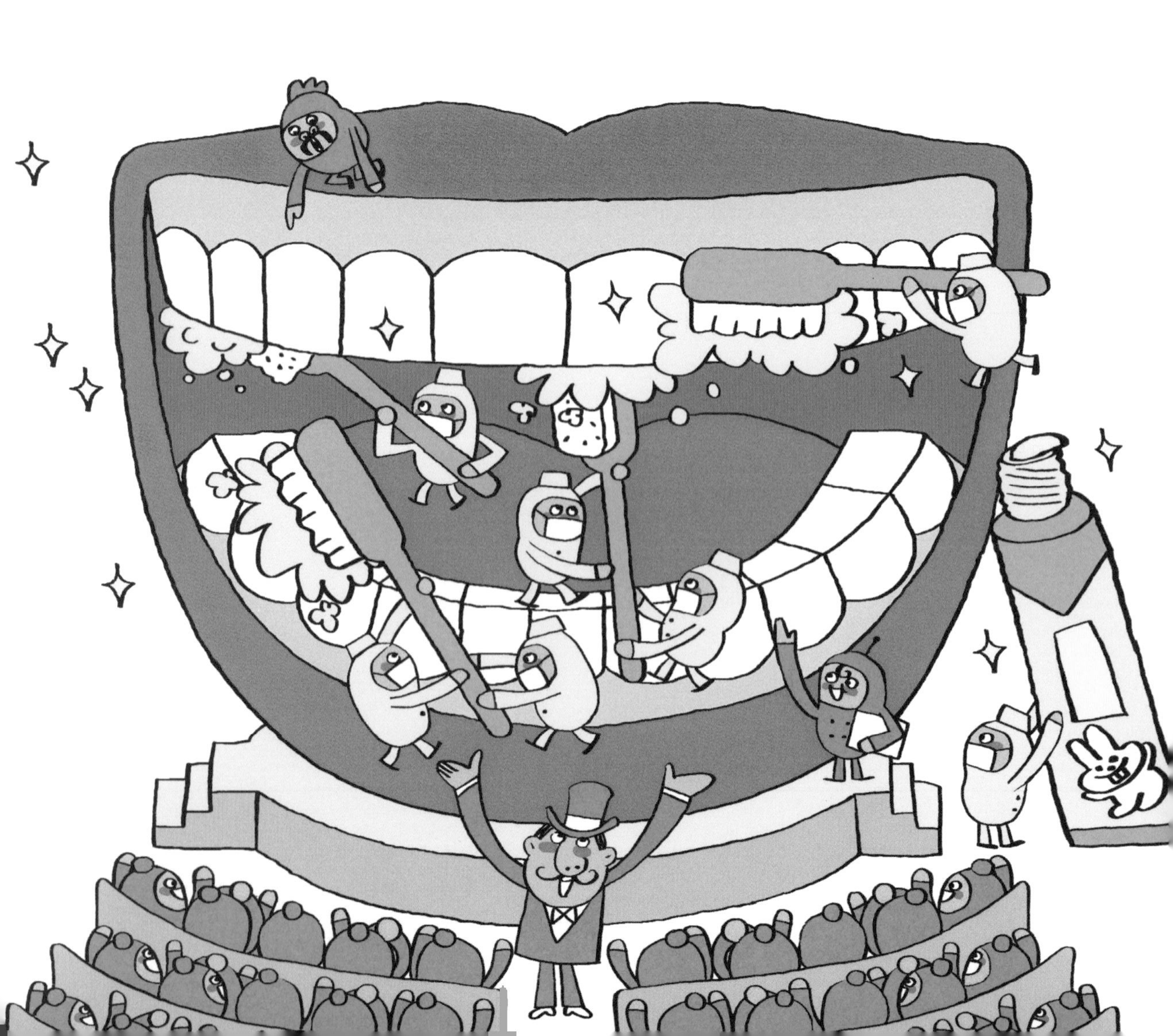

市長自信的說。

「工欲善其事，必先利其器」，想澈底做好牙齒研磨中心的清潔工作，選擇適當的工具「牙刷」是首要條件。再來就是清潔的動作和時間。因為不當的工具、動作和使用力道，不只無法達到清潔的效果，還可能造成牙齒受損。

想要牙齒毫無損傷的正常工作，每天最少需要 3 個回合的清潔程序，而每個回合得花上 3 分鐘。不少人體城市就是因為步驟執行得不夠澈底，清潔工作才會徒勞無功。

在巴第市和夥伴城市的同心協力下，潔牙宣導活動發揮了很大的成效，為許多人體城市扭轉了不少錯誤觀念。這兩個城市雖然是首次合作，卻默契十足、合作無間。巴市長對於夥伴城市在活動期間提供的支援，相當感謝，於是，活動結束後，決定代表巴第市餽贈一些美食給夥伴城市。

「嗯……該送什麼好呢？」巴市長在辦公室走過來又走過去，突然看到蘋果的圖片。「對了！就送巴第市市民最愛的蘋果。」

沒想到，蘋果剛送出去沒多久，就被退了回來。「可能是他們不愛吃蘋果。沒關係，再送別的好了。」巴市長心裡盤算著還能再送些什麼。

最後，他決定送人體城市「最愛食物」票選第一名的「炸雞腿」。結果，「炸雞腿」還沒送出門，巴市長就接到來自夥伴城市婉謝的電話。

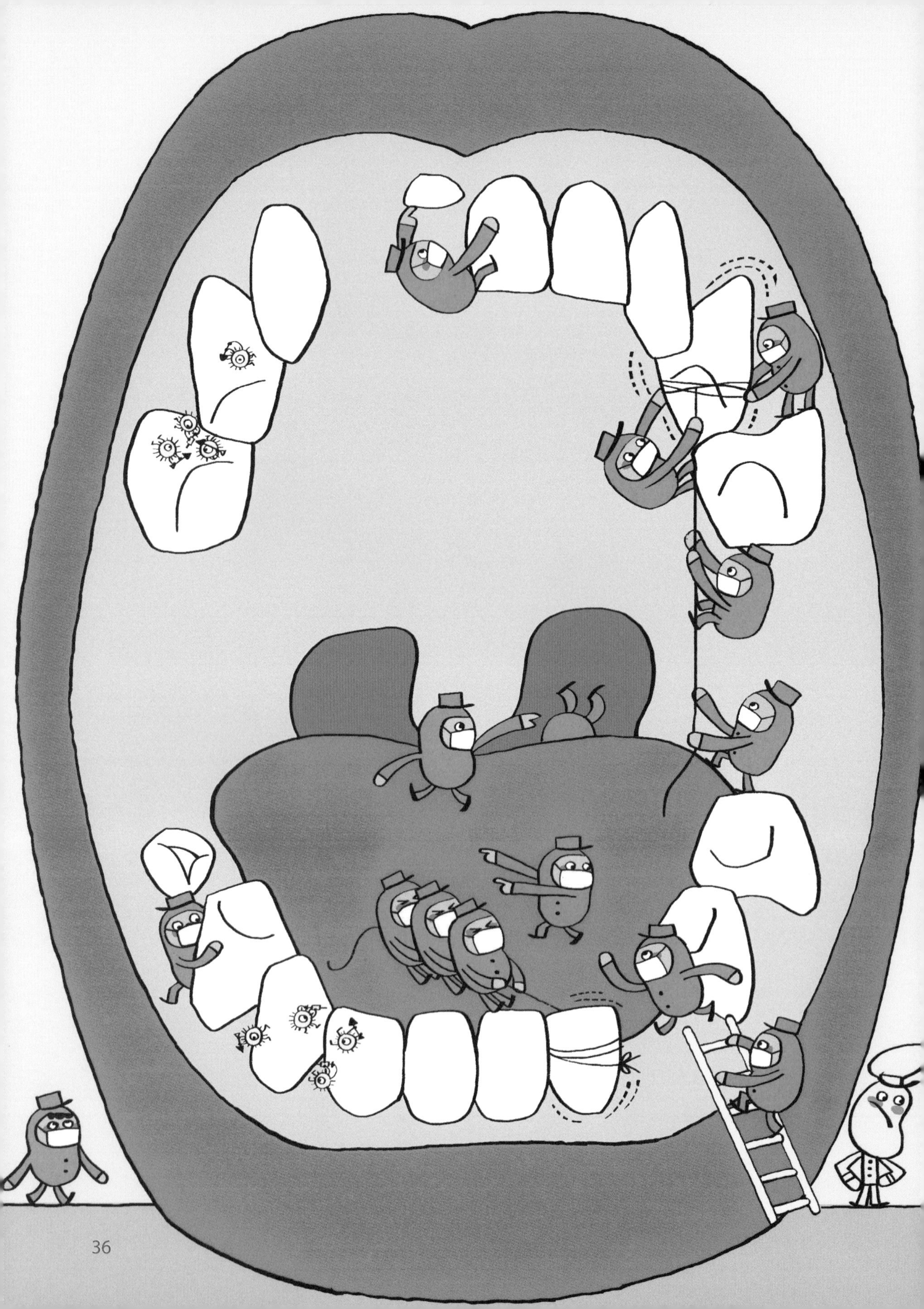

「難道我們送錯禮了嗎？」三番兩次被拒，巴市長被搞得一頭霧水。就在同一時間，夥伴城市挑食難搞的新聞，也在人體城市間傳了開來。

「巴第市和夥伴城市合作愉快，難搞的新聞應該是謠傳吧！」巴市長不相信謠言。「不過，他們為什麼不收我們的禮物呢？」

就在巴市長覺得困惑時，一張來自夥伴城市的市容圖片解開了謎底。圖片中，牙齒研磨中心少了好幾個研磨器，原來是夥伴城市的牙齒研磨中心正在進行汰舊換新的工程，這是所有人體城市都會經歷的階段。

20 個乳牙研磨器大約經過 5 年會全部更換成能長期使用的恆牙研磨器。而在新舊研磨器更換過程中，由於新的牙齒研磨器容易晃動或未完全就定位，所以，像蘋果、炸雞腿等不易處理的食物，就容易被拒絕。

啊！全是誤會一場！巴市長決定送一份新禮物，不過，該送什麼好呢？嗯……有了，就送香滑軟嫩的「蛋糕」吧！果然，這回新禮物沒被退回，夥伴城市滿意極了！原來送禮也要用心，這樣才能送對好禮，皆大歡喜呢！

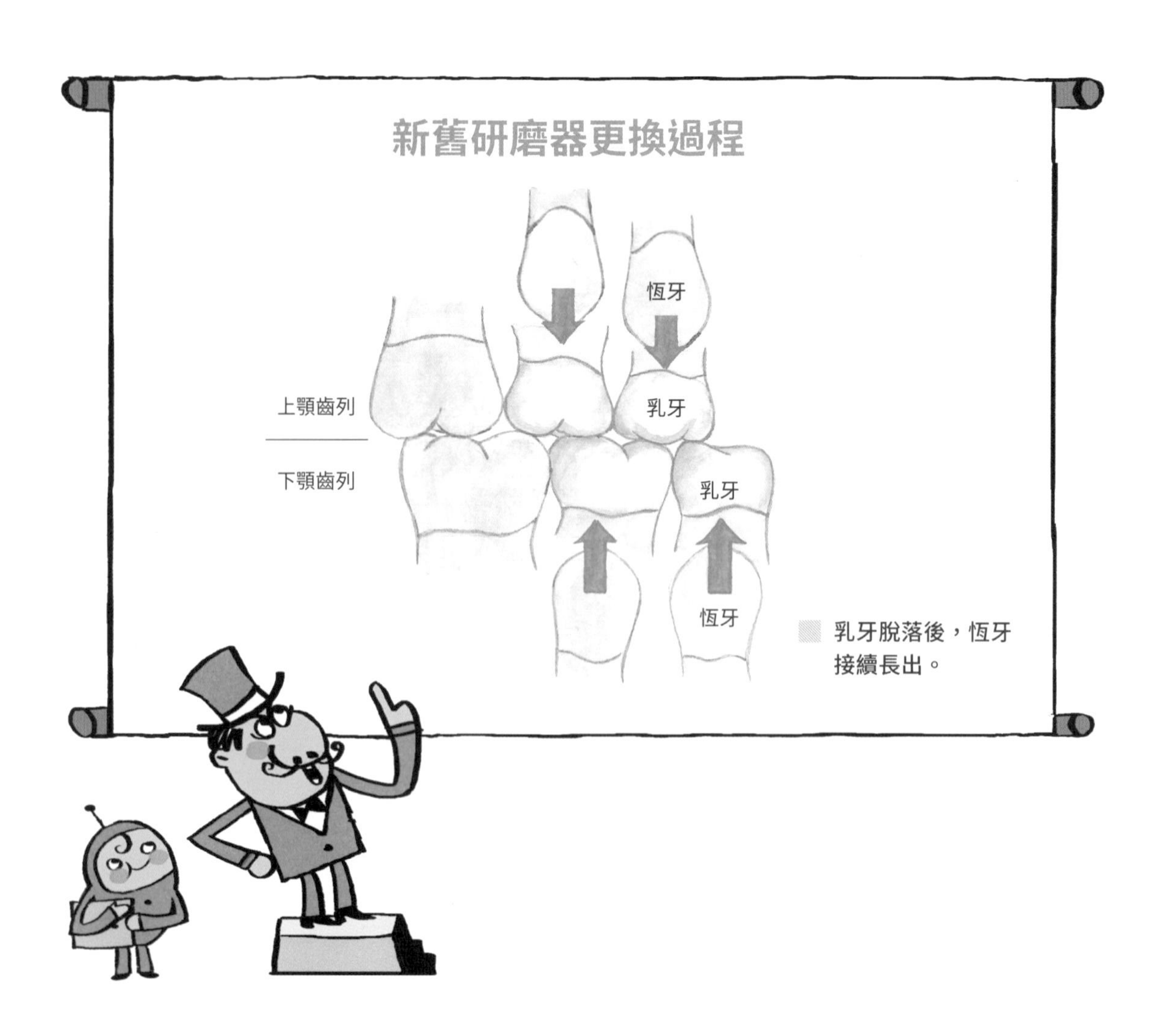

什麼？在牙齒研磨中心附近亂丟食物，要罰 5000 元？
唉！這也是不得已的，因為殘留的食物會造成牙齒研磨中心日後的毀損。為了避免後患，只好祭出重罰來嚇阻。
亂丟什麼會被罰款？
1 手機
2 食物
3 衣物
勿丟垃圾惹麻煩，Happy Body Go Go Go

答案：2 食物

親愛的巴市長：
您好！我是害怕看牙醫的阿德。最近，我發現乳牙有三顆蛀牙，請問，乳牙重要嗎？既然以後都會換成恆牙，乳牙出現蛀牙，應該沒關係吧？

害怕看牙醫的阿德：

多數小朋友大約在 6 歲時進入換牙期，到了 12 歲左右，乳牙就會完全更替為恆牙。也許有些小朋友和你一樣，認為乳牙既然早晚會脫落，應該不大重要吧？正好相反。乳牙的重要性可不容忽視呢！

6 歲到 12 歲是小朋友的快速發育期，乳牙負責咀嚼食物，可以幫助小朋友獲得充足的營養。同時，乳牙也維持牙床空間，讓接替的恆牙能順利萌發，促進顎骨正常發育，對於小朋友顏面的美觀和發音，扮演著不可或缺的角色。

所以小朋友務必要好好照顧乳牙，尤其要小心預防蛀牙。除了勤刷牙，減少吃零食外，刷牙時也可以使用含氟牙膏來強化牙齒的琺瑯質，或是請牙醫師在臼齒咬合面的縫隙，塗上封填劑。當然，定期請牙醫師檢查牙齒也是很重要的，這樣才能及早發現牙齒上的蛀洞，儘快填補，維護牙齒的健康喔！

為了牙齒的健康，建議你還是及早去看牙醫師，有了一口好牙，說話、咀嚼才順利喔！

注重牙齒保健的巴市長　敬上

第五章

倒楣的姊妹市

胃與食物消化

值日醫生：林伯儒叔叔

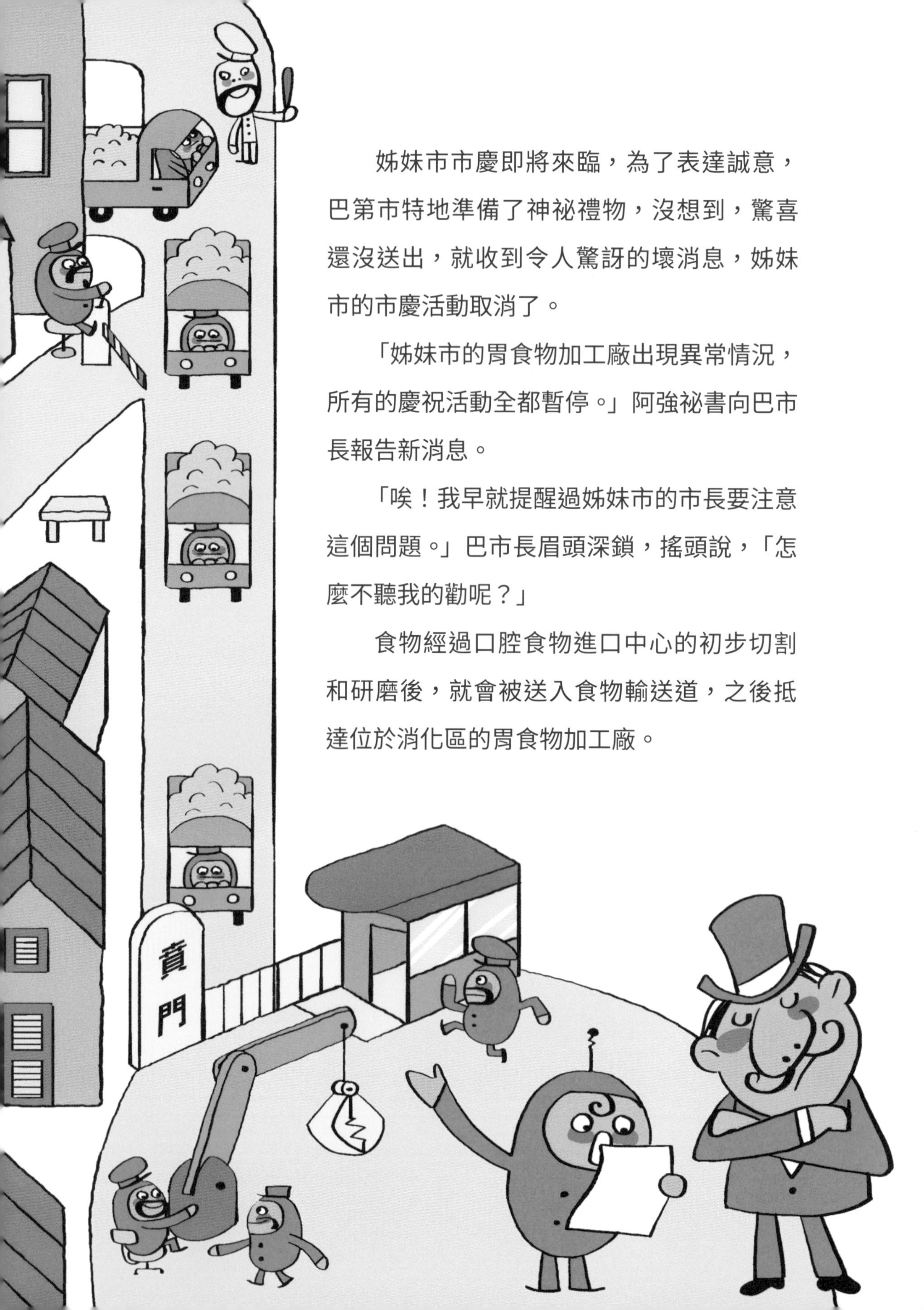

姊妹市市慶即將來臨，為了表達誠意，巴第市特地準備了神祕禮物，沒想到，驚喜還沒送出，就收到令人驚訝的壞消息，姊妹市的市慶活動取消了。

「姊妹市的胃食物加工廠出現異常情況，所有的慶祝活動全都暫停。」阿強祕書向巴市長報告新消息。

「唉！我早就提醒過姊妹市的市長要注意這個問題。」巴市長眉頭深鎖，搖頭說，「怎麼不聽我的勸呢？」

食物經過口腔食物進口中心的初步切割和研磨後，就會被送入食物輸送道，之後抵達位於消化區的胃食物加工廠。

胃食物加工廠的空間非常有彈性，會隨著食物量的多寡而改變大小。當食物團送進來後，胃食物加工廠裡的管線會釋放出消化液（是一種強酸），和食物團充分混合，將食物團初步分解。

送入胃食物加工廠的食物，成分除了蛋白質和澱粉之外，還包括脂肪和蔬菜水果等。不同的食物，胃食物加工廠進行處理的時間也不同。

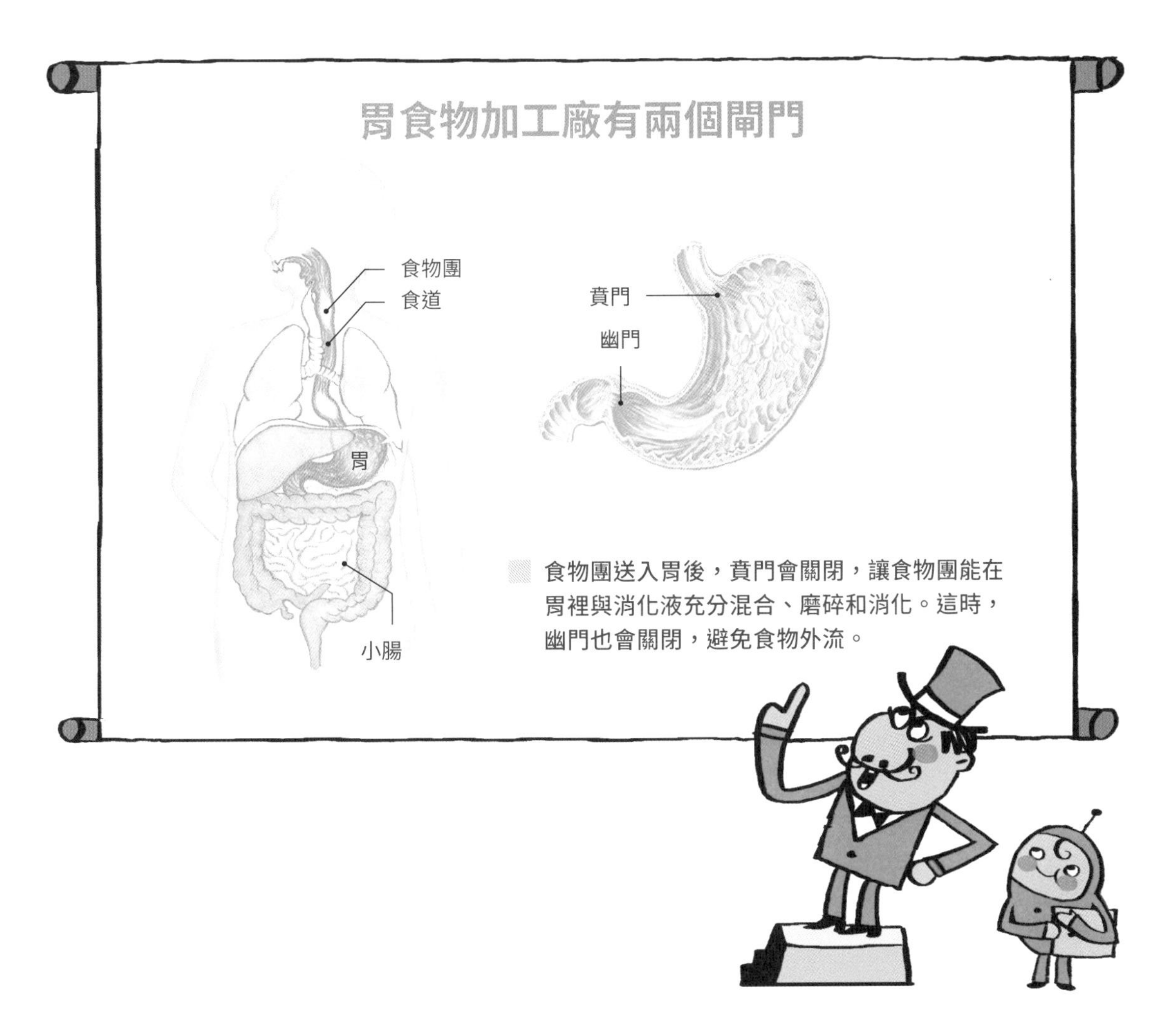

食物團在經過胃食物加工廠的處理後，會被送進通往小腸營養物流中心的閘門「幽門」。等到通過幽門後，食物團就進入了小腸營養物流中心。而胃食物加工廠和食物輸送道之間也有一個閘門，稱為「賁門」。當胃食物加工廠對食物進行混合和磨碎工作時，兩個閘門「賁門」和「幽門」會同時關閉，避免食物外流。

由於姊妹市長期忽視運送食物應該定時定量的原則，結果搞得胃食物加工廠拉警報，消化區運作出現異常。為了避免問題擴大，姊妹市決定暫停所有活動，進行調整和休養。

雖然姊妹市的市慶活動取消了，巴第市仍然關心姊妹市。幸好，經過一段時間的控制，姊妹市的胃食物加工廠的異常問題終於獲得控制。但是沒想到，姊妹市又遇到了另一件麻煩事。

「市長，姊妹市發出求救！」阿強祕書握著電報，上氣不接下氣的說。

原來，姊妹市有名的特產「好吃披薩」，被其他人體城市踢爆材料不新鮮。這個指責讓姊妹市的市民群情激憤，為了維護名譽，姊妹市和其他人體城市發生嚴重的爭執。兩個城市各持己見，硝煙味越來越濃，最後，姊妹市決定向巴第市討救兵。

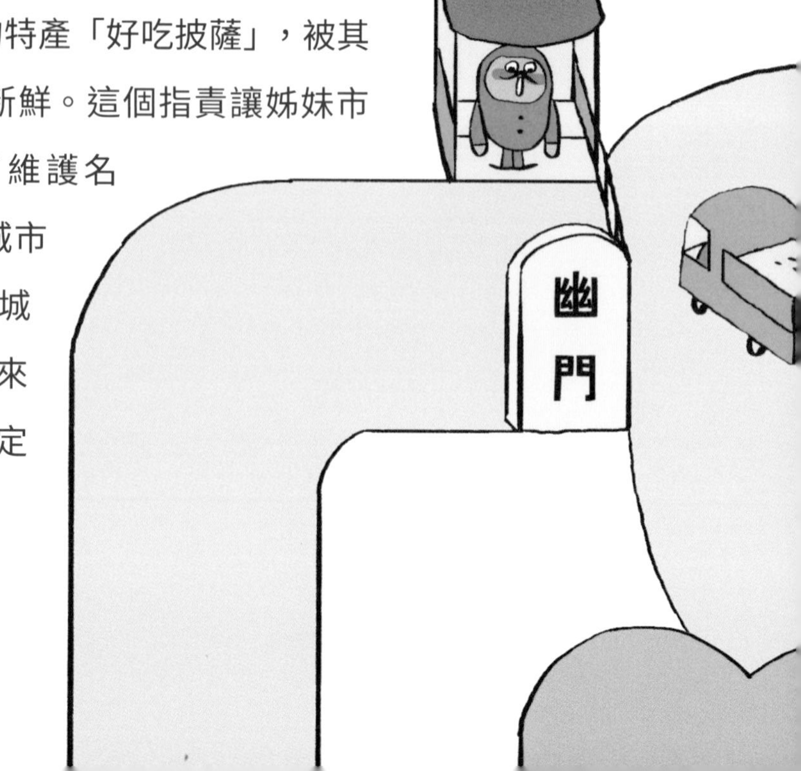

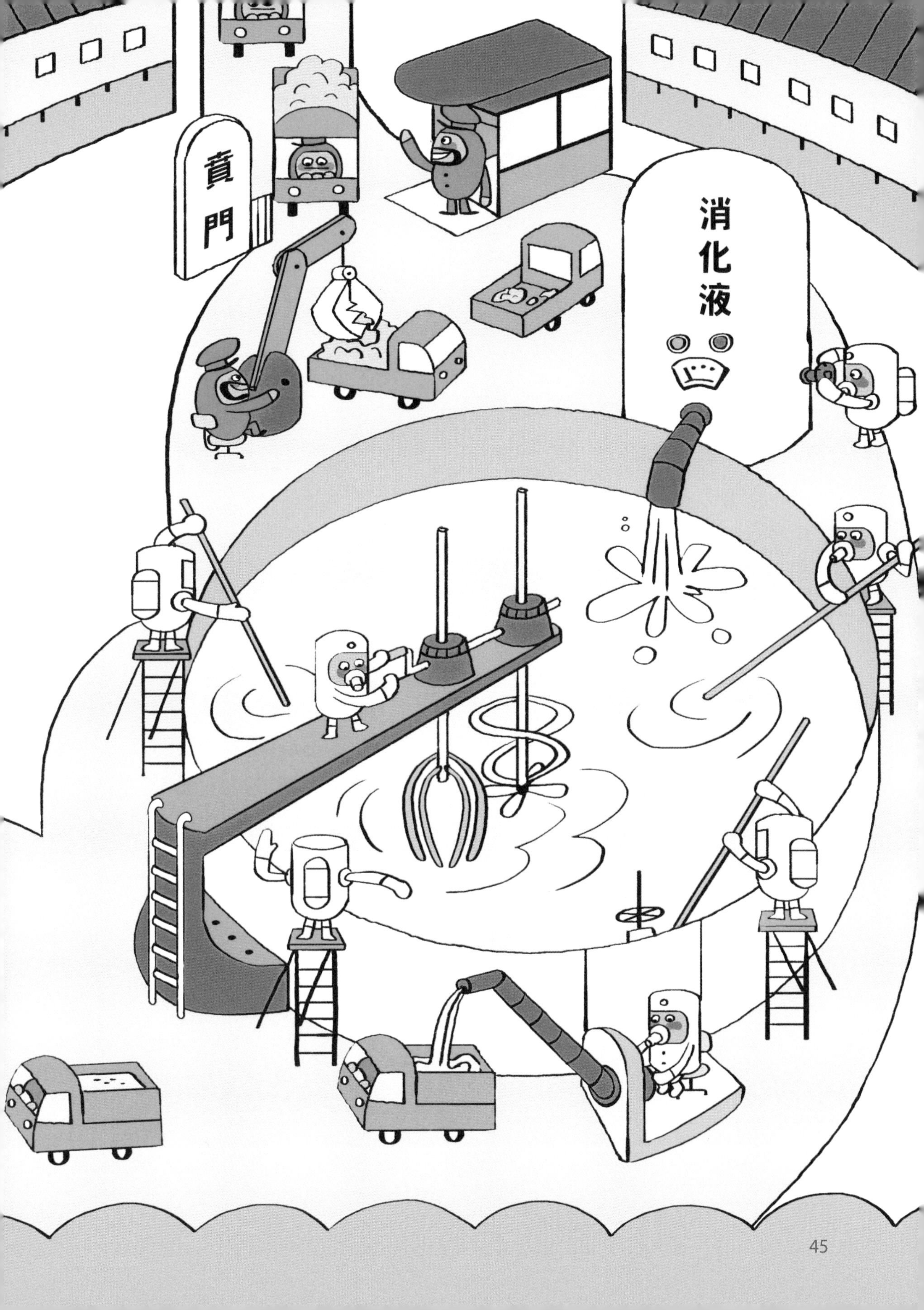
賁門
消化液

伸出援手的巴市長為了能早點調停紛爭，特地請阿強祕書詳細調查事情的來龍去脈。

幾個小時後，真相終於大白，原來是其他人體城市把另一個人體城市的特產「好讚披薩」，誤認為是姊妹市出產的「好吃披薩」。在巴市長的調查和調停下，兩個城市的烏龍紛爭終於平息了，不過……哎呀！忙著調停爭執，巴市長居然忘了提醒口腔食物進口中心運送食物了。還好，大腦市政府早就發出了信號，要胃食物加工廠開始工作，「咕嚕——咕嚕」聲就是胃食物加工廠提醒巴市長下令口腔食物進口中心進食的信號。

「巴第市可不能犯下和姊妹市一樣的錯誤！」巴市長對自己的疏忽感到抱歉，而且也承諾，類似事件絕對是僅此一次，下不為例！

巴第市旅遊指南

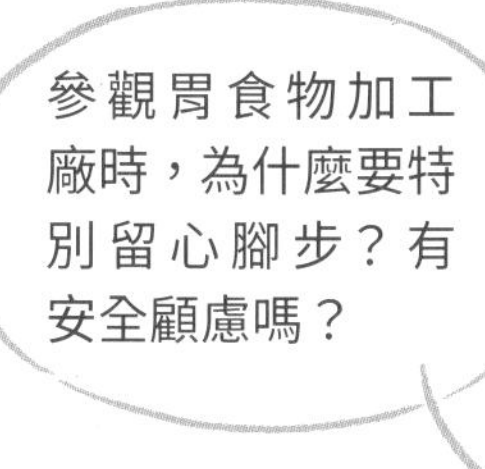

參觀時的自保方式

1 留心腳步

2 保持距離

3 不嬉鬧

親愛的巴市長：

您好！我是吃東西常狼吞虎嚥的大熊，媽媽老說不愛細嚼慢嚥的人，只能吃需要消化時間較短的食物。不同食物的消化時間，真的不一樣嗎？還有，請問倒立著吞嚥，食物也能送到胃嗎？

大熊：

食物在胃裡消化的時間，取決於食物的種類和性質：

1 流質食物：通過胃的時間很快，例如，水在胃裡停留的時間只有 10 分鐘左右。

2 固體食物：由於需要比較多的時間來分解，所以通過胃的時間比較慢。如果只吃水果，水果停留在胃裡的時間不超過 1 小時，就會到達小腸，被吸收利用。由此可知，水果是非常容易消化的食物。

3 澱粉類食物：在胃裡消化的時間大約是 2 到 3 小時。

4 蛋白質類食物：在胃裡消化大約需 4 小時。

5 脂肪類食物：在胃裡消化大約需 6 到 8 小時以上。

另外，倒立著吞嚥，食物也能送到胃嗎？

當食物進入食道後，食道壁的肌肉會收縮，迫使食物團往胃的方向移動。即使我們在吞嚥時，姿勢倒立，食道的肌肉運動還是會讓食物對抗地心引力，乖乖的往肚子裡走。但是倒立吞嚥很危險，因為食物容易嗆入氣管內，造成窒息或吸入性肺炎，所以千萬別做這種危險的嘗試。

大熊，狼吞虎嚥可不是好習慣，不僅對身體有害，也沒辦法品嘗食物的美味。下回試試細嚼慢嚥，說不定能有不同的發現喔！

喜愛慢慢品嘗的巴市長　敬上

第六章

新員工
招募計畫

小腸與養分吸收

值日醫生：林伯儒叔叔

「凡是吃苦耐勞者，歡迎加入『小腸營養物流中心』的工作行列！」

這則員工招募廣告發布後，在巴第市內引起了沸沸揚揚的討論。雖然巴市長嘴上表示，為小腸營養物流中心注入新血是為了要提升工作效率，但是大家私下都知道在那兒工作是件苦差事。

小腸營養物流中心稱得上是消化區中最重要的器官部門，曲曲折折的工作區段總共有 6 公尺長，負責收集食物的營養。在小腸營養物流中心的內壁，有非常多根絨毛，每平方公分的腸壁大約就有 3000 根。這些絨毛就是執行吸收食物營養的功臣。在小腸營養物流中心收集到的營養，最後會分配運送到全市各處。

新員工招募廣告公布了好長一段時間，卻只有零星的幾個應徵者。因為當大家一聽到得在 6 公尺長的區域工作，紛紛打了退堂鼓。這樣的結果，讓小腸營養物流中心的工作人員失望透了，他們真希望能多一些夥伴，紓解他們的工作壓力。

「大家辛苦了！」巴市長積極的想提振士氣，「請維持以往的認真，大夥兒是巴第市進步的動力！」

雖然巴市長不停的安撫大家，仍然有工作人員忍不住私下抱怨：「我們得想個辦法！」由於小腸營養物流中心有三個工作區段，每個區段的工作內容都不相同，所以，有人提議來個工作大風吹，說不定他們的問題就能獲得重視了。

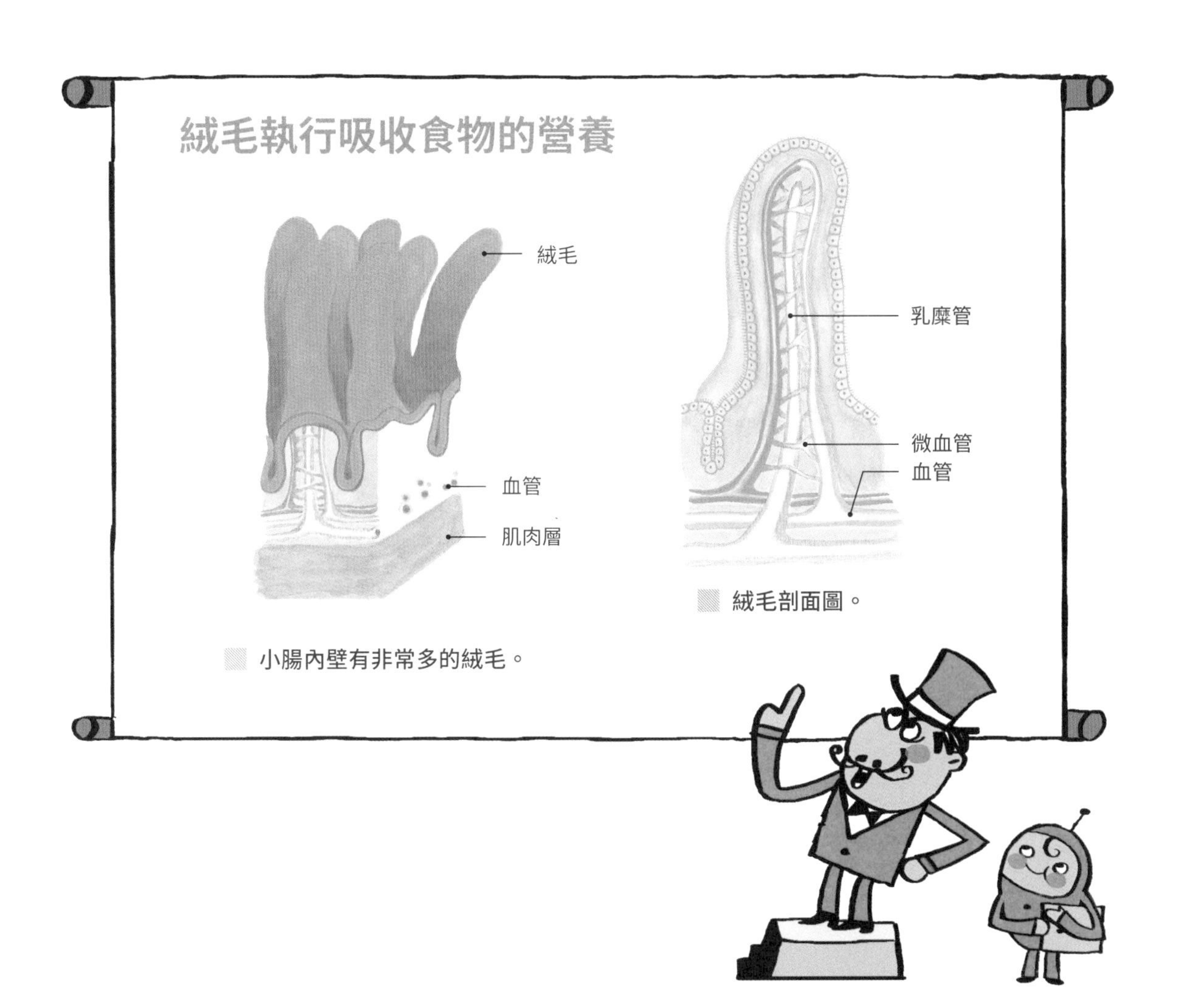

小腸內壁有非常多的絨毛。

絨毛剖面圖。

原本，小腸營養物流中心的工作流程是：

食物經過胃食物加工廠消化後，會經過幽門，抵達小腸營養物流中心。之後，小腸營養物流中心會以「蠕動」方式推進食物團，完成三個區段的處理過程。

小腸營養物流中心的第一個工作區段，稱為「十二指腸」，大約有 30 公分，負責將胃食物加工廠所分泌的消化液「胃酸」，進行中和。第二個工作區段稱為「空腸」，長約 2 公尺，會分泌大量的消化酶。最後一個工作區段，稱為「迴腸」，也是小腸營養物流中心最長的一個工作區段，主要的工作是進行養分吸收。

小腸營養物流中心的工作人員，私下偷偷的策劃要把三個工作區段大搬風，想藉此引起重視。但是沒想到，執行細節還沒一撇，風聲就傳到巴市長的耳裡。

「如果這麼做，巴第市不就天下大亂了？」巴市長勃然大怒。

小腸營養物流中心裡的三個工作區段，工作性質全然不同，工作人員怎麼能隨意更換呢？萬一出了差錯，誰又擔得起責任呢？巴市長對於大夥兒不盡責的態度暴跳如雷。工作人員也被巴市長強烈的反應嚇壞了，全都不敢多說。在巴市長大發雷霆之後，再也沒人敢提工作大風吹的想法了。

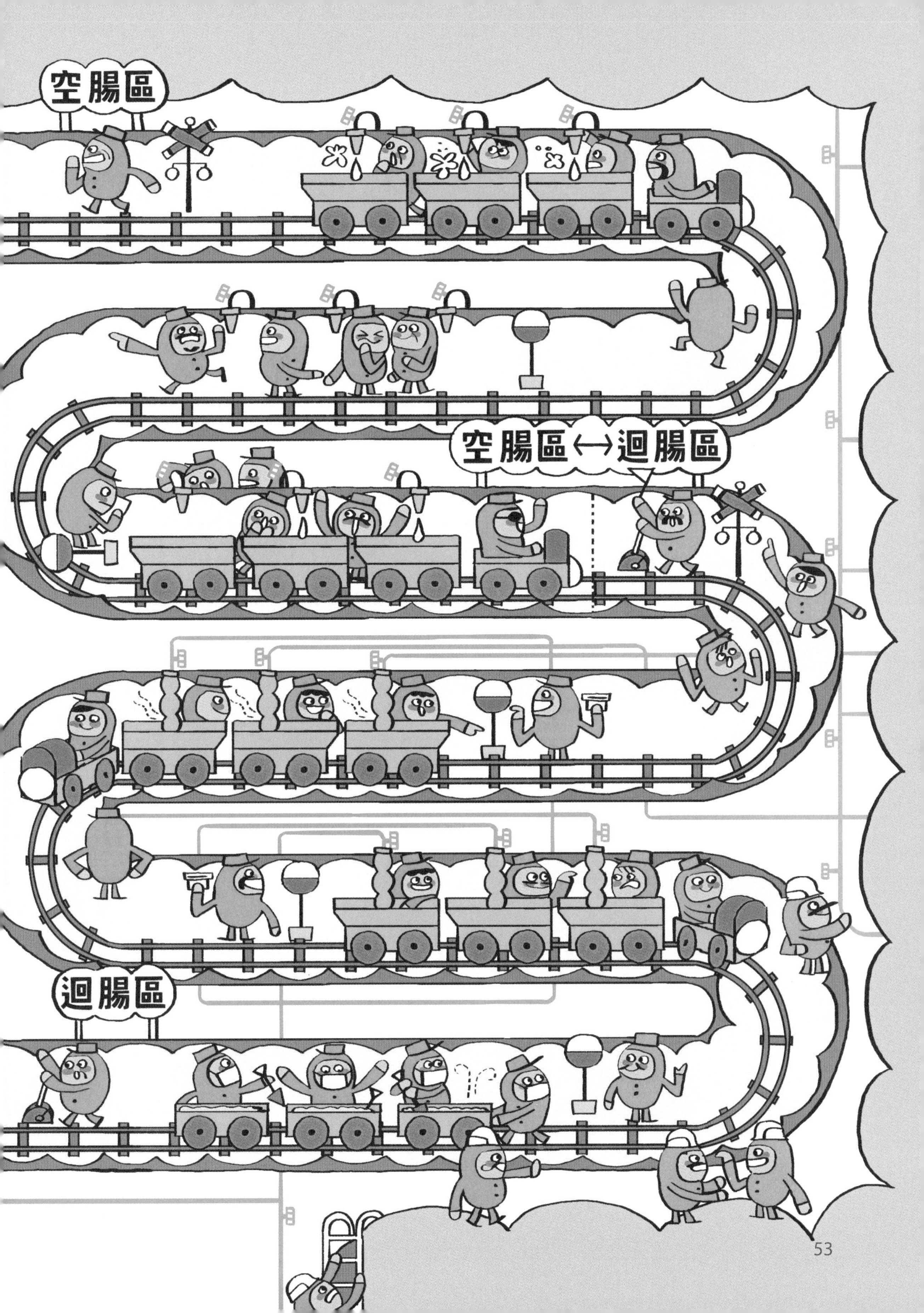

空腸區
空腸區←→迴腸區
迴腸區

雖然巴市長嚴厲斥責，但他也清楚知道那是因為工作量過高引起的反彈。為了解決這個問題，巴市長決定調整食物運送的時間和分量，在定時定量下，工作負荷過重的困擾獲得改善。另外，巴市長也分享了自己的工作小法寶——時時保持愉快的心。經過雙管齊下的努力，小腸營養物流中心的工作氣氛不同了，現在，不僅效率高，而且全樂在工作呢！

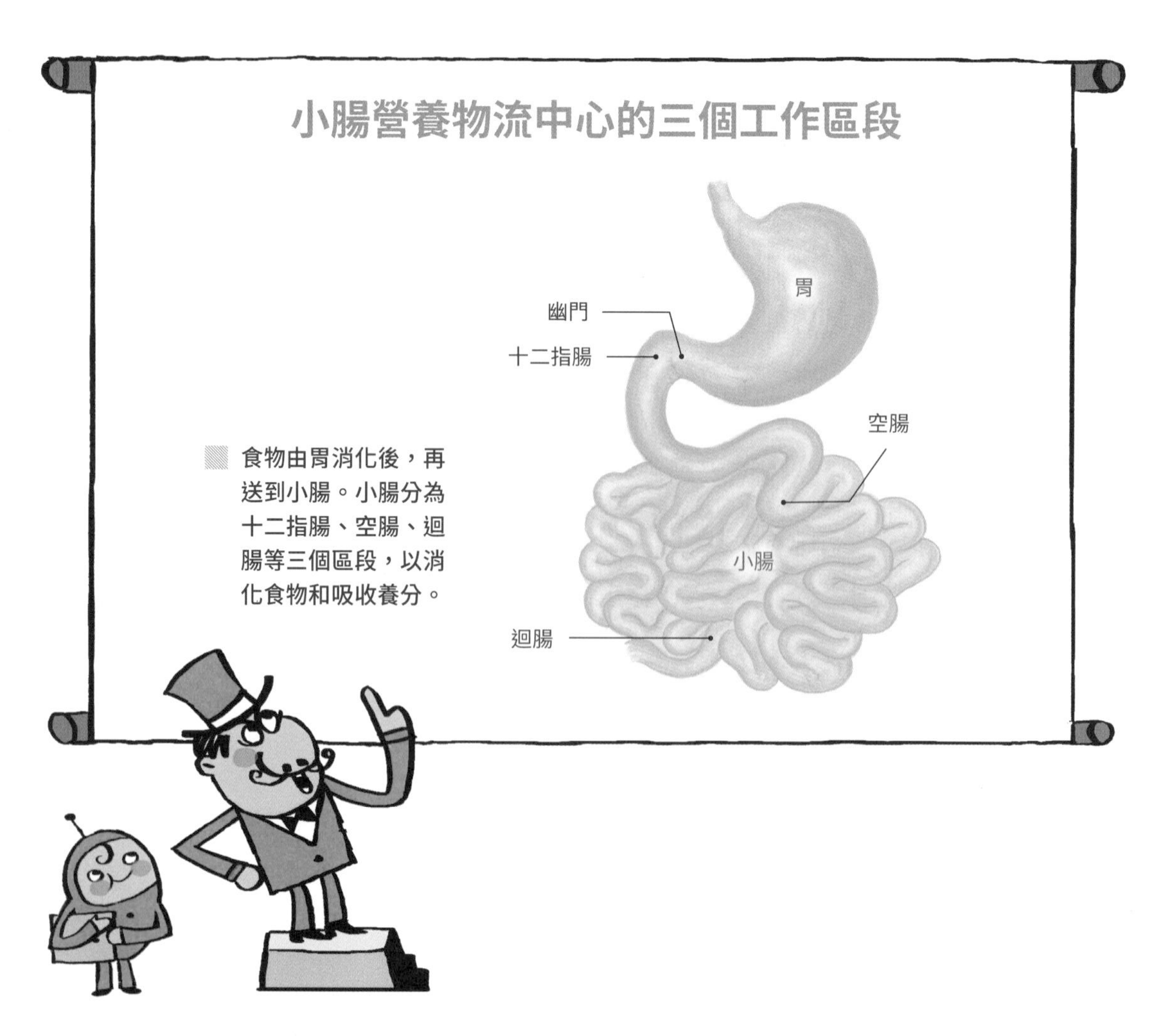

巴第市旅遊指南

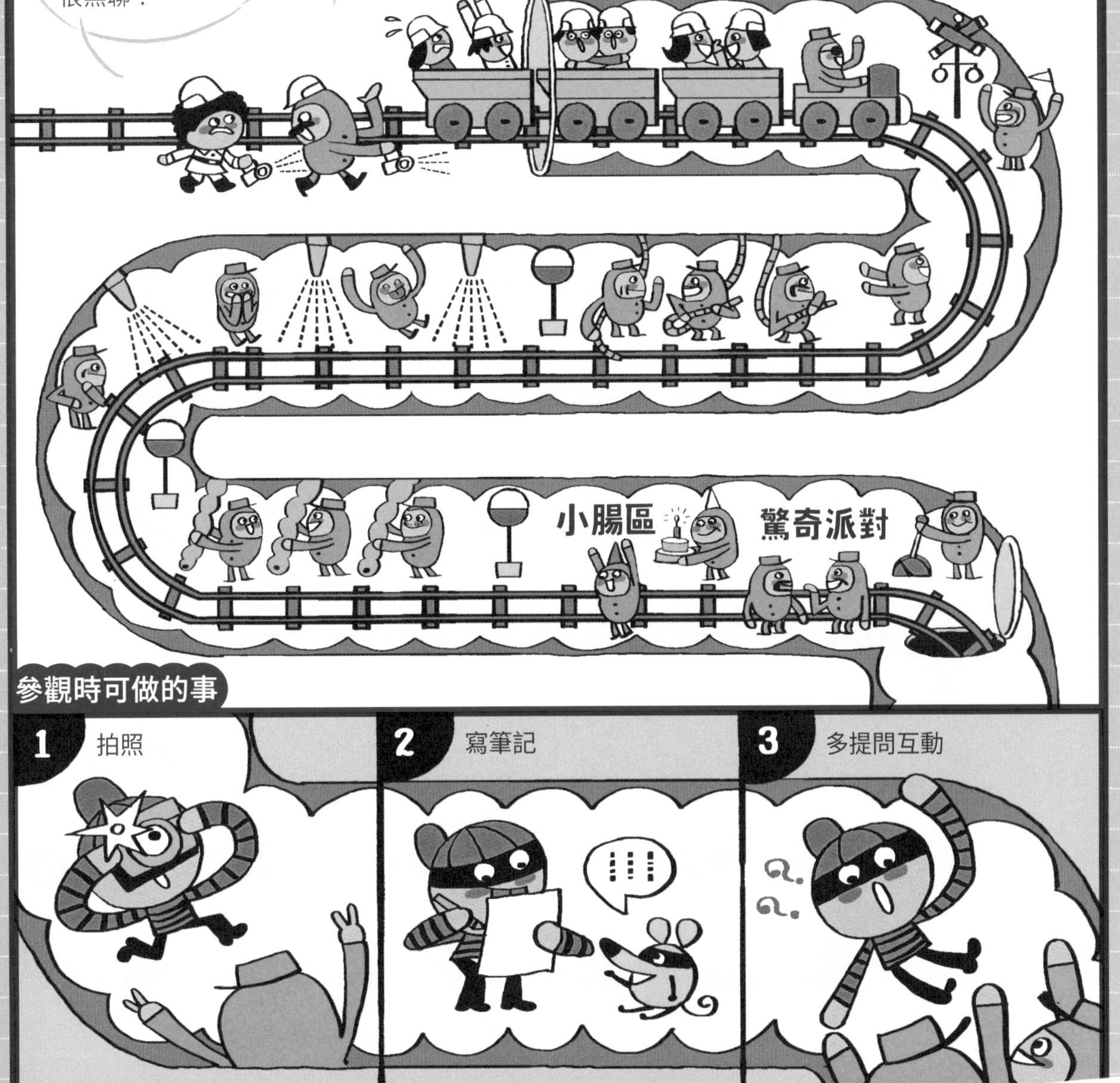

參觀時可做的事

1 拍照

2 寫筆記

3 多提問互動

用眼用心　學更多，Happy Body Go Go Go

親愛的巴市長：
您好！我是愛問為什麼的好奇偉。請問，為什麼小腸不會被胃酸處理過的食物破壞？難道小腸裡的消化液和胃酸一樣嗎？

好奇偉：

你問了一個很不錯的問題喔！食物團由食道送入胃，經過胃液混合、磨碎和消化，就被送入了小腸。而小腸會分泌消化液來消化這些食物，再吸收其中的營養。在小腸中的消化液共有三種，分別是來自胰臟的「胰液」、來自膽囊的「膽汁」，以及「小腸液」。

由胃送入小腸的食物，成分都是酸性的，會破壞小腸內壁，而導致協助消化的酵素停止工作，不過，別擔心，小腸有法寶來中和胃酸喔！

小腸的第一個工作區段「十二指腸」會分泌鹼性的「小腸液」，同時也會分泌出「激素」，刺激胰臟，使胰臟分泌出鹼性的消化液，稱為胰液。這麼一來，那些由胃送來的含有大量胃酸的食物，就能被鹼性的胰液中和。之後，食物中的營養就容易被吸收，進入血液中，再送往各個細胞組織，提供身體所需的能量囉！

好奇偉，要繼續問「為什麼」喔！有疑問，找答案，才能讓腦袋中的知識越來越豐富！

也常常問「為什麼」的巴市長　敬上

第七章

巴第市的黑名單

大腸與水分、電解質吸收

值日醫生：林伯儒叔叔

什麼是巴第市最熱門的流行語？答案是「樂在工作」！

在巴市長大聲疾呼下，幾乎所有部門都卯足全力營造良好的氣氛，好達成「樂在工作」的目標。當大家沉浸在愉快的工作氣氛時，大腸廚餘處理公司卻是一片低氣壓。

小腸營養物流中心對食物進行營養吸收後，就把「食物殘渣」送往大腸廚餘處理公司，對食物中殘留的水分和電解質進行吸收。之後，食物殘渣會被運送到直腸垃圾場，最後經由肛門垃圾場出口，運出巴第市。

每天面對食物殘渣，忍受難聞的氣味，想要「樂在工作」，根

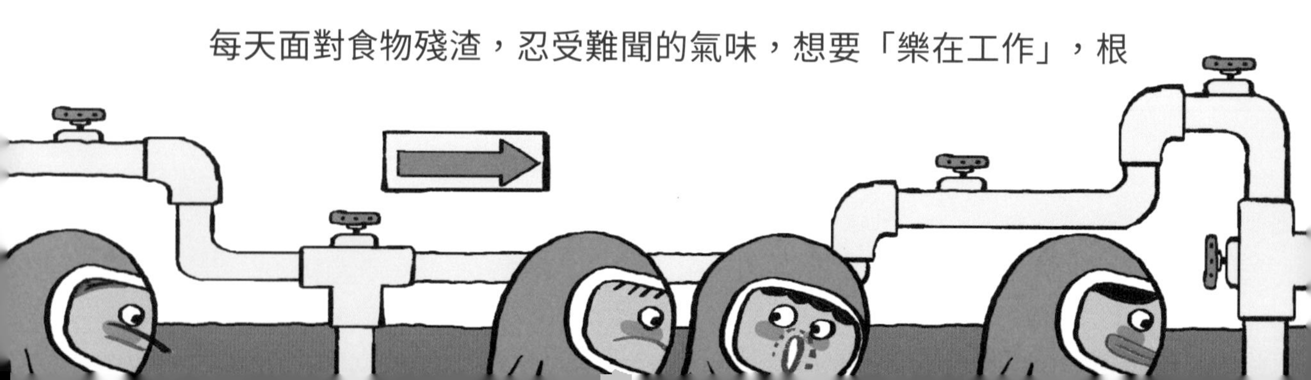

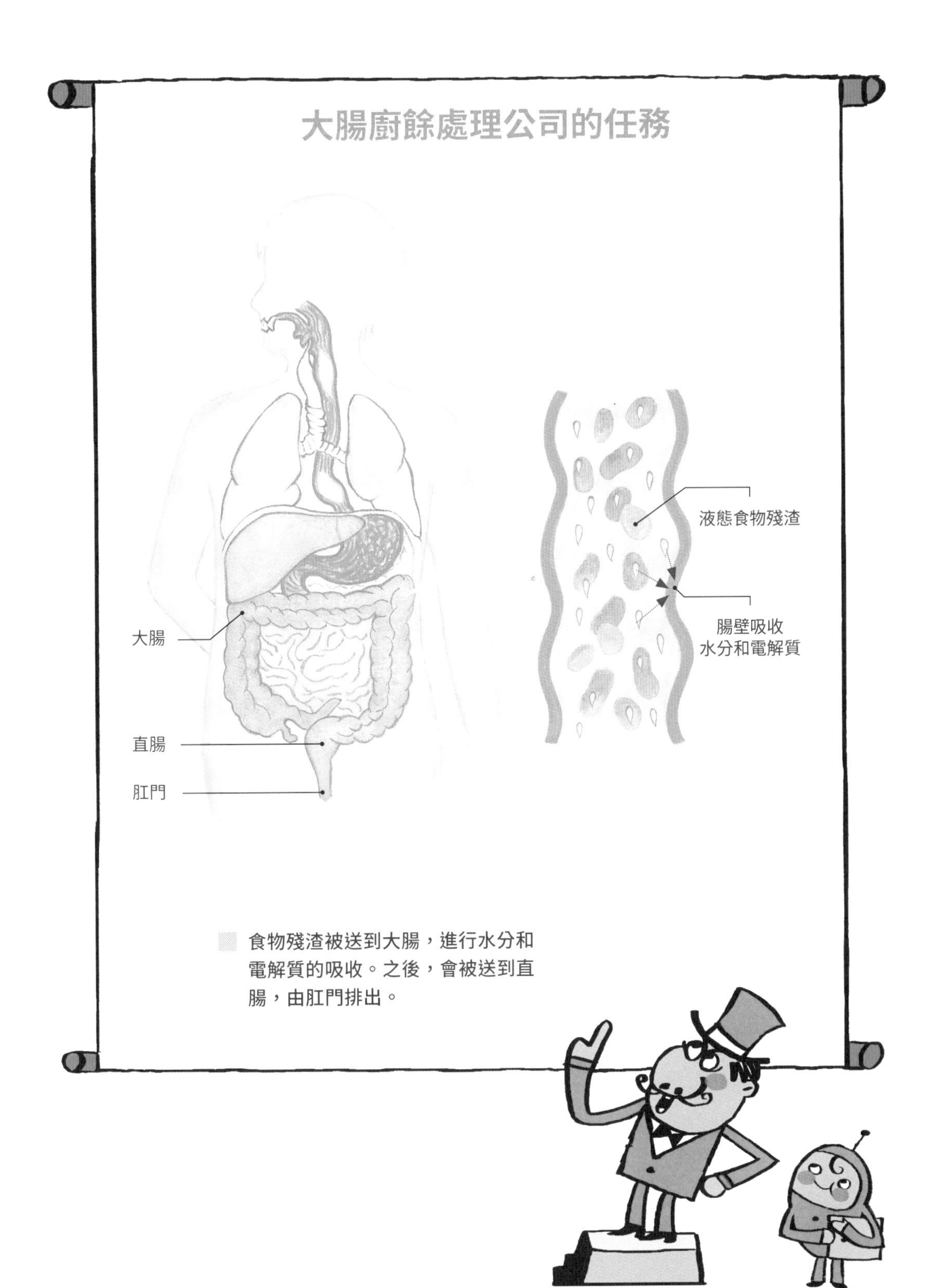
大腸廚餘處理公司的任務
大腸
直腸
肛門
液態食物殘渣
腸壁吸收
水分和電解質
食物殘渣被送到大腸，進行水分和
電解質的吸收。之後，會被送到直
腸，由肛門排出。

本是不可能的任務。「唉……誰會想在又臭又髒的地方工作，大腸廚餘處理公司一定是不受歡迎的黑名單！」低落的情緒不斷蔓延，雖然巴市長一視同仁，不過，大腸廚餘處理公司的工作人員卻老覺得自己矮人一截。

「樂在工作」的話題還沒退燒，巴第市又出現一個驚悚的新話題——細菌怪客在巴第市有一個祕密基地！不知打哪來的消息，搞得全市人心惶惶。雖然巴第市各處都有零星的細菌怪客躲藏潛伏，但是數量絕對不足以成立祕密基地。

「真是太荒謬了！」巴市長對於這樣的謠言，感到不可思議。「我們得證明，關於祕密基地的傳言全是無稽之談。」

大腸廚餘處理公司
公告
巴市長的信

巴市長下令白血球警察，在巴第市內展開地毯式搜索，一定要證明沒有祕密基地存在。沒想到，一連串調查後，卻發現一個嫌疑地點——大腸廚餘處理公司。

這裡的細菌，不但數量高於巴第市各部門的總和，連細菌種類也相當多，包括乳酸桿菌、鏈球菌等。隨著食物種類的不同，大腸廚餘處理公司內細菌的種類也會跟著改變。

「完蛋了！這下子，大家對大腸廚餘處理公司的印象是黑上加黑了！」由於細菌數量高，被認為是細菌怪客祕密基地的消息，讓工作人員的心情盪到了谷底。

不過，巴市長對於調查結果卻鬆了一口氣。這是因為在大腸廚餘處理公司內的細菌，除了可以幫忙分解食物殘渣中的有機物質，也能製造維生素 K、葉酸等物質。有時，這些細菌還能防止有害細菌入侵呢！聳動的傳言最後被證實是烏龍一場。

「沒有大腸廚餘處理公司，消化區的功能就無法完整發揮！」為了扭轉市民刻板的舊印象，巴市長特地寫了一封文情並茂的信，信件中不僅詳列大腸廚餘處理公司的貢獻，言詞間也充滿了濃濃的謝意。

經過巴市長大力宣揚後，大腸廚餘處理公司一掃先前的陰霾，大夥兒工作精神大振。「巴第市沒有黑名單！大家全是寶貝！」沒錯！每個器官部門都是巴第市不可或缺、最亮麗的明星呢！

巴第市旅遊指南

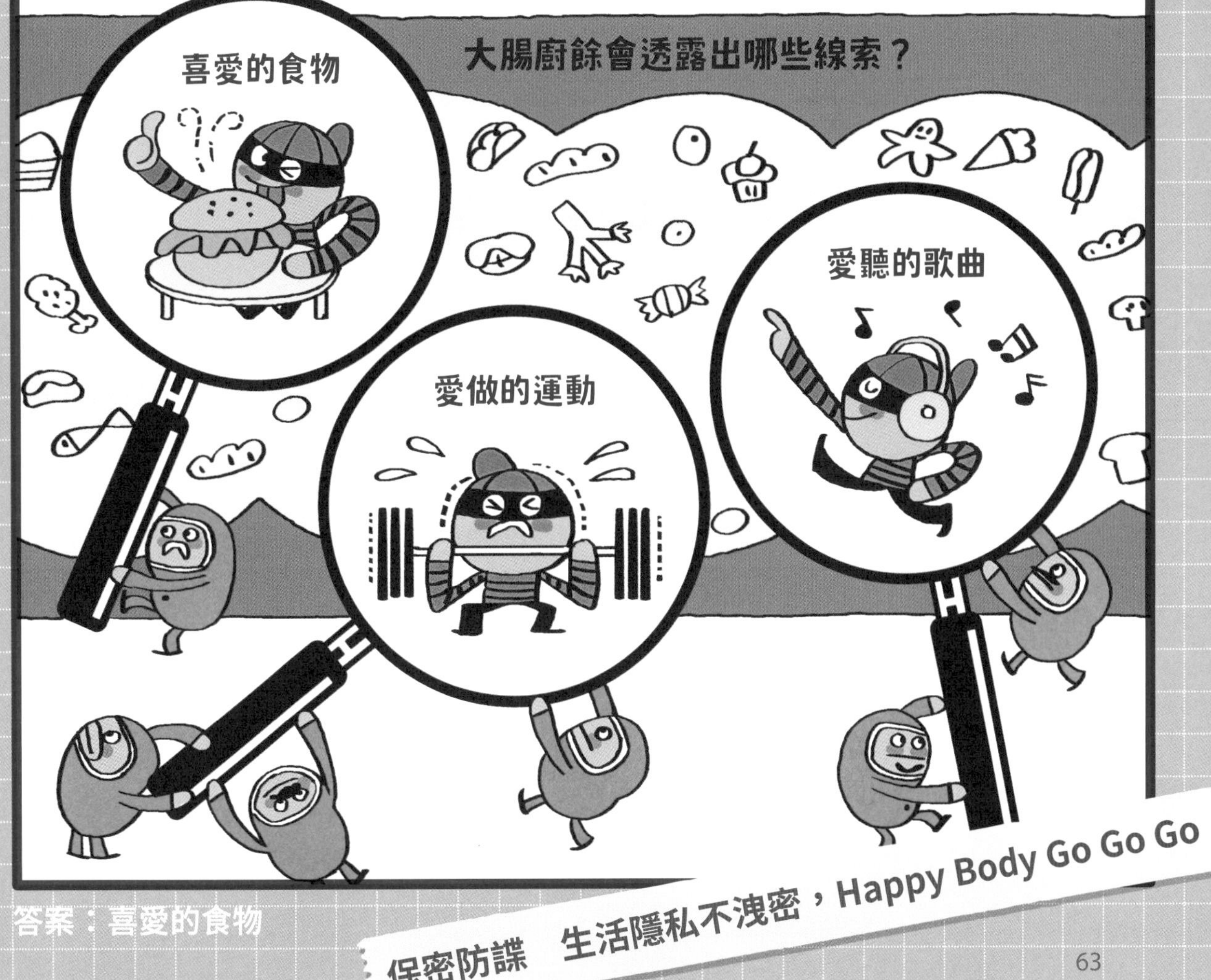

答案：喜愛的食物

保密防諜　生活隱私不洩密，Happy Body Go Go Go

親愛的巴市長：
您好！我是討厭拉肚子的小亞。請問，人為什麼會拉肚子？是不是因為吃到不新鮮的食物？拉肚子的時候，還可以吃東西嗎？

討厭拉肚子的小亞：

每天從小腸送進大腸的液體狀食物「食糜」，大約有 1500cc 到 2000cc。大腸的主要功能，就是在吸收這些食糜裡的水分和電解質，以及儲存它們的殘渣，也稱為糞便。

不過，當大腸無法吸收這些來自小腸的水分，或是大腸本身分泌過多的水分時，糞便中的水分和排出次數就會增加，便「拉肚子」了。

例如，當大腸或小腸發炎時，腸黏膜會分泌大量的水和電解質，以利於儘快排出刺激物和病原。於是，糞便的含水量就會增加，並且頻繁排出。

此外，腸道疾病造成腸黏膜損傷和功能改變，使食物在大腸中吸收不良，也會拉肚子。或是小腸蠕動速度過快，食物中的水分來不及在小腸中被吸收，導致過多的水分被送進了大腸，也可能拉肚子。

另外，攝取太多碳水化合物和高纖維等食物，腸腔內也會留下過多的水分。還有，有時大腸蠕動速度過快，也會造成水分吸收不完全而拉肚子。

所以拉肚子的原因有很多。萬一突然拉肚子了，先想一想，是不是吃了哪些不新鮮的食物？再量一量體溫，看看是否發燒了？同時看一看排泄物有沒有膿液或血？如果排泄物有膿液或血，同時你又發燒了，一定要請醫生檢查是不是腸子感染了痢疾。如果沒有以上這些現象，只要補充適量的水分和電解質，而且讓你的腸子適當休息，吃東西時小心注意，就可以了。但如果拉肚子超過三星期，那可得求助醫生了！

也不喜歡拉肚子的巴市長　敬上

第八章

對抗垃圾大作戰

肛門、糞便和屁

值日醫生：林伯儒叔叔

「又有人體城市被垃圾問題擊垮！」

這已經是這個月第七起類似的新聞。最近，不少人體城市紛紛出現垃圾無法順利排出的困擾。幾天份的垃圾堆在市內，不僅有礙市容觀瞻，垃圾的有毒物質還會對城市的運作產生影響呢！

巴市長相當重視這個問題，所以，他特別叮嚀掌管肛門垃圾場出口的皮先生，要養成固定排放垃圾的習慣，千萬別讓又臭又髒的垃圾囤積在巴第市內。

食物殘渣被送到大腸廚餘處理公司進行水分和電解質的吸收，經過 5 到 10 個小時後，會從肛門垃圾場出口，送出巴第市。那些被送出的垃圾，成分包括了一些水分、無法被消化處理的纖維，和死掉的細菌等。不過，肛門垃圾場並不是一有垃圾，出口就會打開，何時排放垃圾是由「括約肌」負責控制的。

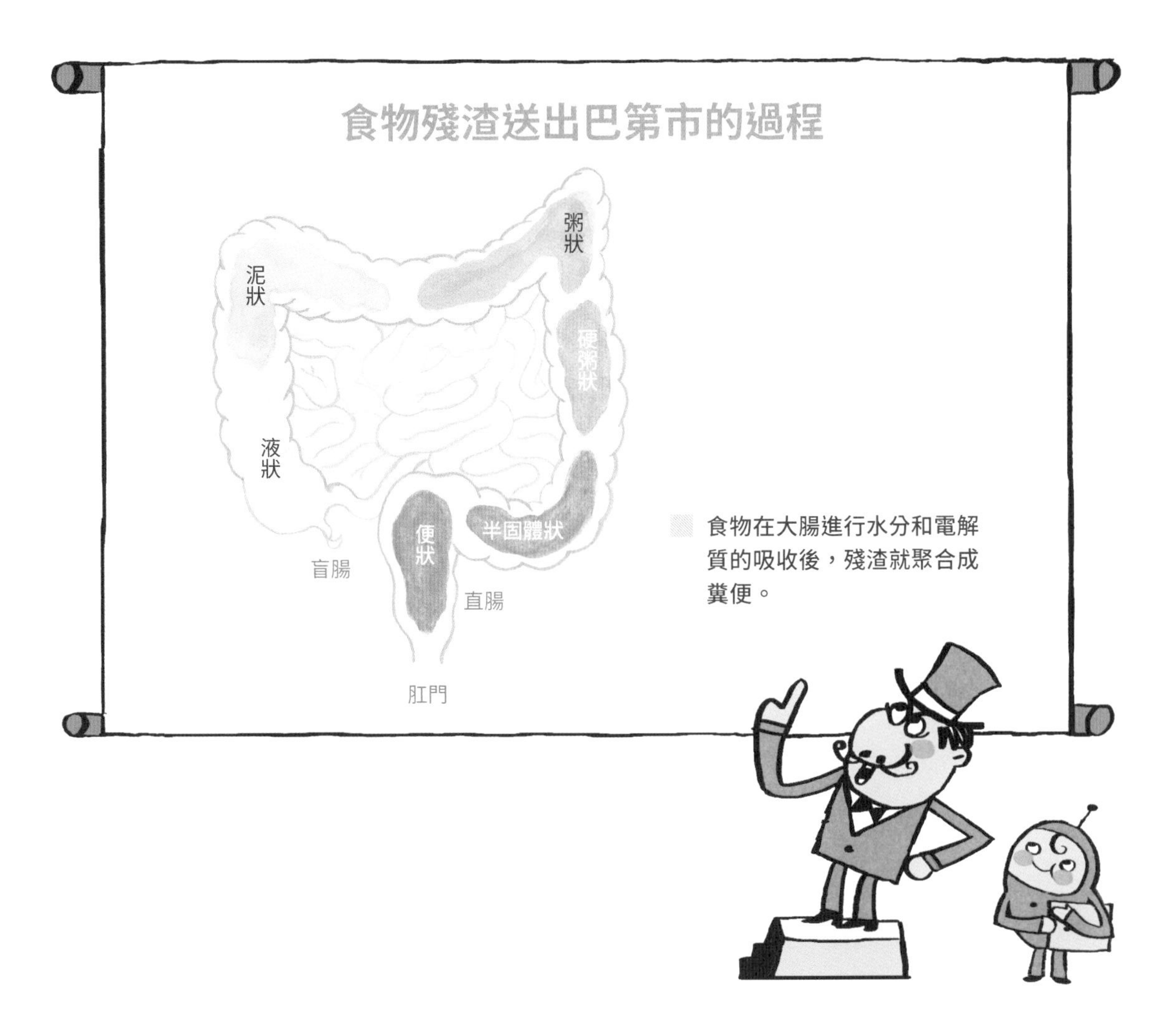

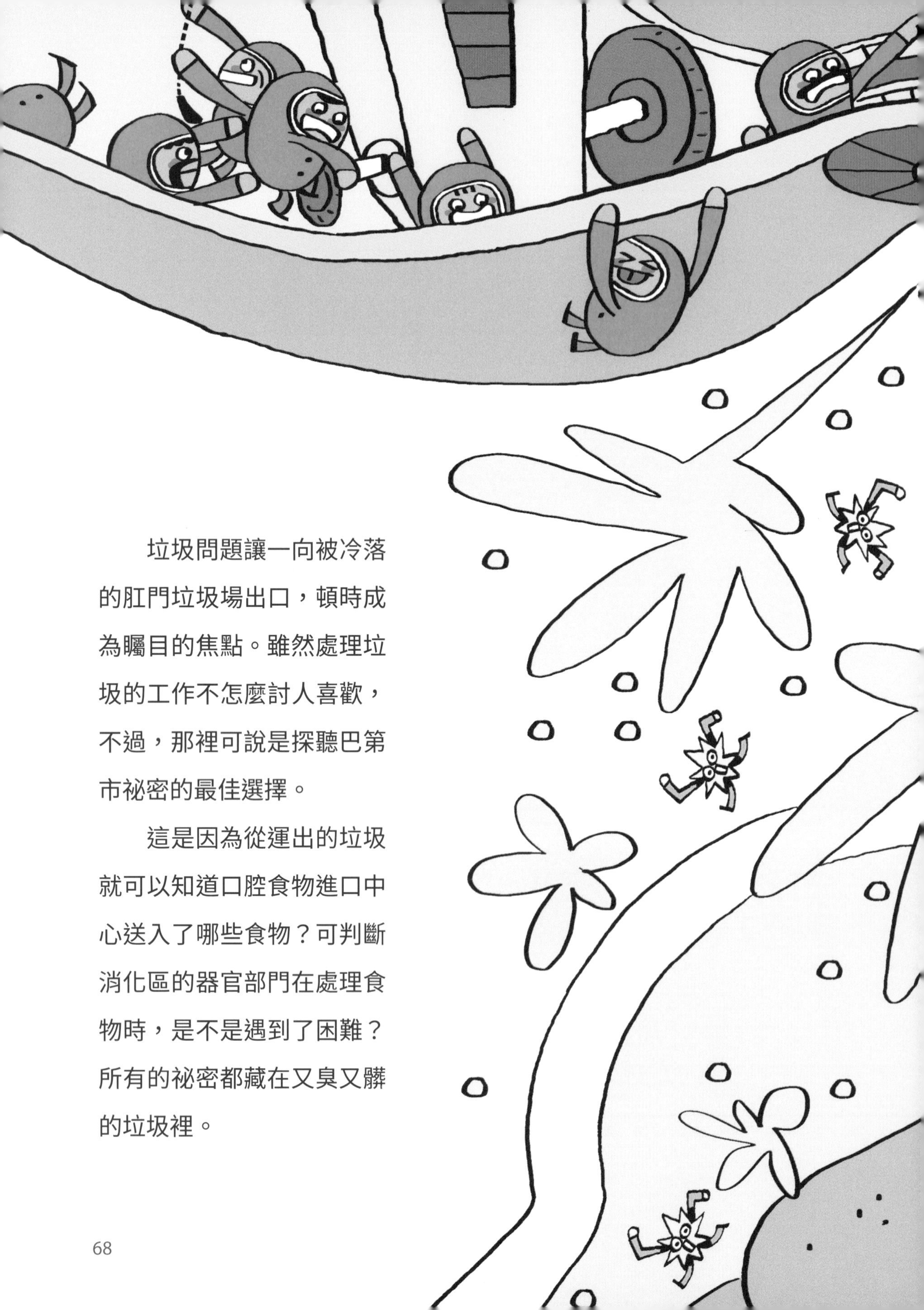

垃圾問題讓一向被冷落的肛門垃圾場出口，頓時成為矚目的焦點。雖然處理垃圾的工作不怎麼討人喜歡，不過，那裡可說是探聽巴第市祕密的最佳選擇。

這是因為從運出的垃圾就可以知道口腔食物進口中心送入了哪些食物？可判斷消化區的器官部門在處理食物時，是不是遇到了困難？所有的祕密都藏在又臭又髒的垃圾裡。

由於巴市長定時排放垃圾的策略奏效，使得巴第市免除了垃圾問題的困擾。不過，沒想到，就在市民們舉辦了盛大慶功宴之後，鄰近的人體城市不約而同的向巴第市表達不滿。發生這種狀況，讓努力維持友好關係的巴市長無法置信。

到底是什麼事讓巴第市名譽受損？巴市長說什麼也要查清楚，經過阿強祕書的調查後，終於找出了端倪。

「鄰近城市表示，最近巴第市常排放含硫氣體『屁』，氣味臭得他們受不了！」阿強祕書將調查結果一五一十回報。

「臭味？」這個問題讓巴市長陷入沉思。「快去查查看是哪裡出了問題！」

大腸廚餘處理公司在處理食物的過程中，會發酵產生氮氣、二氧化碳、氧氣、氫氣和甲烷，夾雜胺類、硫化氫和糞臭素等氣體，而形成「屁」，並由肛門垃圾場出口排放出去。食物的種類會影響「屁」的氣味，如果肉類食物比例高，會產生胺類、糞臭素和硫化氫等含量較多的氣體，氣味會臭得讓人受不了；反之，如果食物以澱粉類為主，氣味就不會那麼難聞。

經過抽絲剝繭的調查，巴市長發現原來是慶功宴惹的禍。當初為了滿足市民期待，口腔食物進口中心送入了分量超級多的肉類，導致含有胺類、糞臭素和硫化氫等成分的「屁」不僅變多，連氣味都讓人聞之卻步。

找到問題癥結後，巴市長立即向鄰近人體城市致上歉意，同時，開始管制肉類食物的進口量。雖然排放「屁」是正常的事，不過，臭得讓人受不了，可就不大光采了！

巴第市旅遊指南

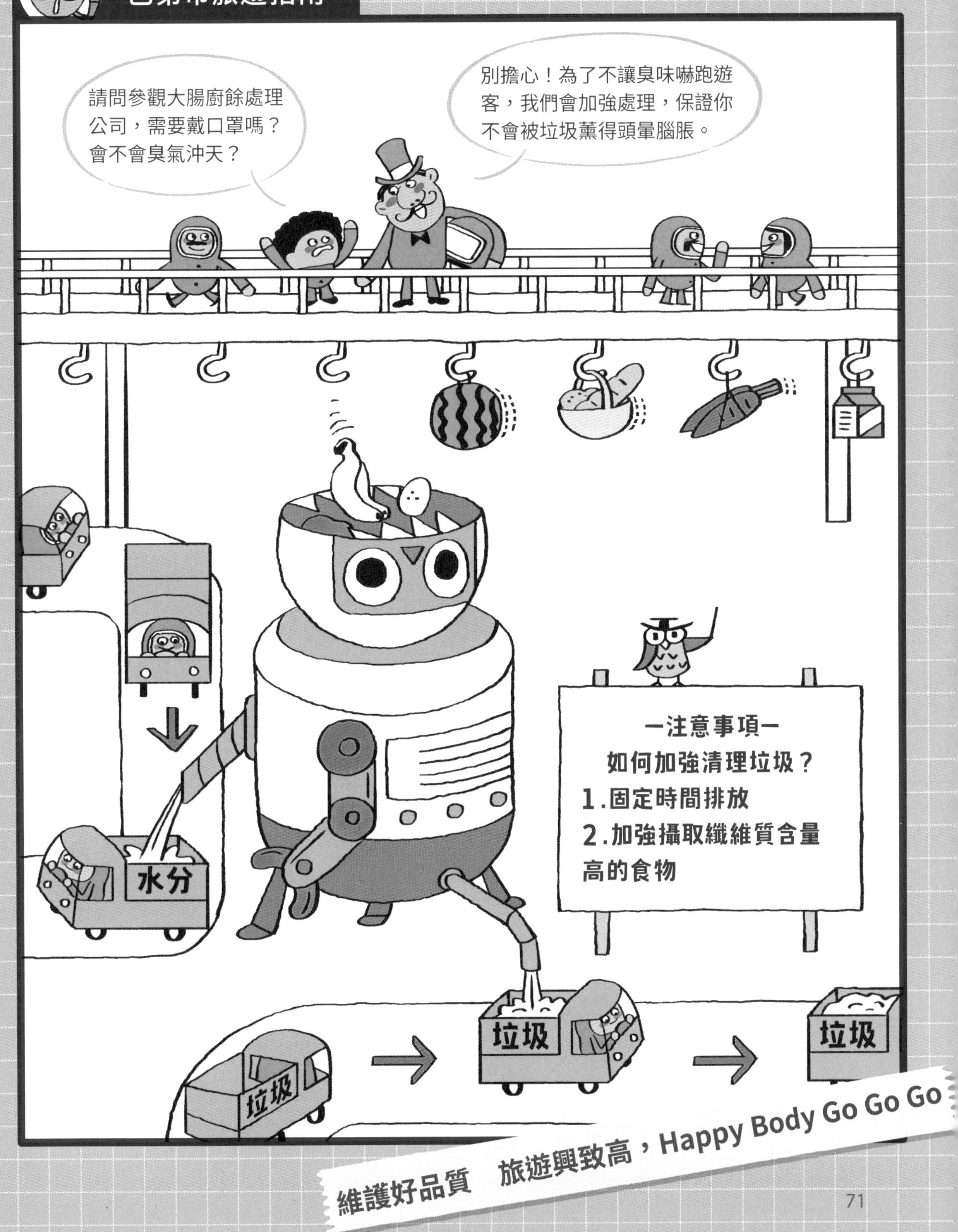

維護好品質　旅遊興致高，Happy Body Go Go Go

親愛的巴市長：

您好！大家都叫我臭屁王，這個綽號跟吹牛沒關係，而是我真的常放屁。請問，忍耐不放屁，對身體會不會造成影響？另外，是不是每天排便才正常？

臭屁王：

人體排放的大多數的屁，是因為吃進的食物在大腸裡沒有被完全分解，例如纖維和醣類，就成為腸道細菌的食物。這些細菌飽餐後，會產生氣體，而在體內累積。當氣體的量過大時，便會被排擠出體外而形成「屁」。

含有蛋白質的食物（例如肉類），在消化道被分解後，會產生胺類、糞臭素和硫化氫，而具有強烈的惡臭味。因此，進食越多，屁就會越臭。如果過度放臭屁，大便又呈現稀泥狀而且惡臭，那可能是腸內細菌生態失衡引起的消化不良。

其實，放屁是人體正常的生理現象，短時間刻意忍著不放屁，對身體並無害。但是人體不可能長時間忍耐不放屁。這是因為當屁在體內累積達到某個量時，還是會在體內自行吸收，或是在不經意時由肛門排出來。但是，萬一長時間沒有放屁，可得請醫生檢查直腸、肛門是否發炎、便祕、有腫瘤，或是腸阻塞等疾病了。

另外，一般人正常的排便次數應該是一天 1 次。不過，有些人排便的習慣是每天排便 2 次到 3 次，或是每隔兩三天排便 1 次；只要身體沒有不舒服的感覺，排便時自然輕鬆，也可以算是正常，但最好還是每天都要有排便的習慣。正常的糞便外觀應該是成條狀，顏色呈黃色或淺咖啡色，軟硬適中。

偶爾也會放屁的巴市長　敬上

第九章

不說不的好好先生

肝臟的保健

值日醫生：林伯儒叔叔

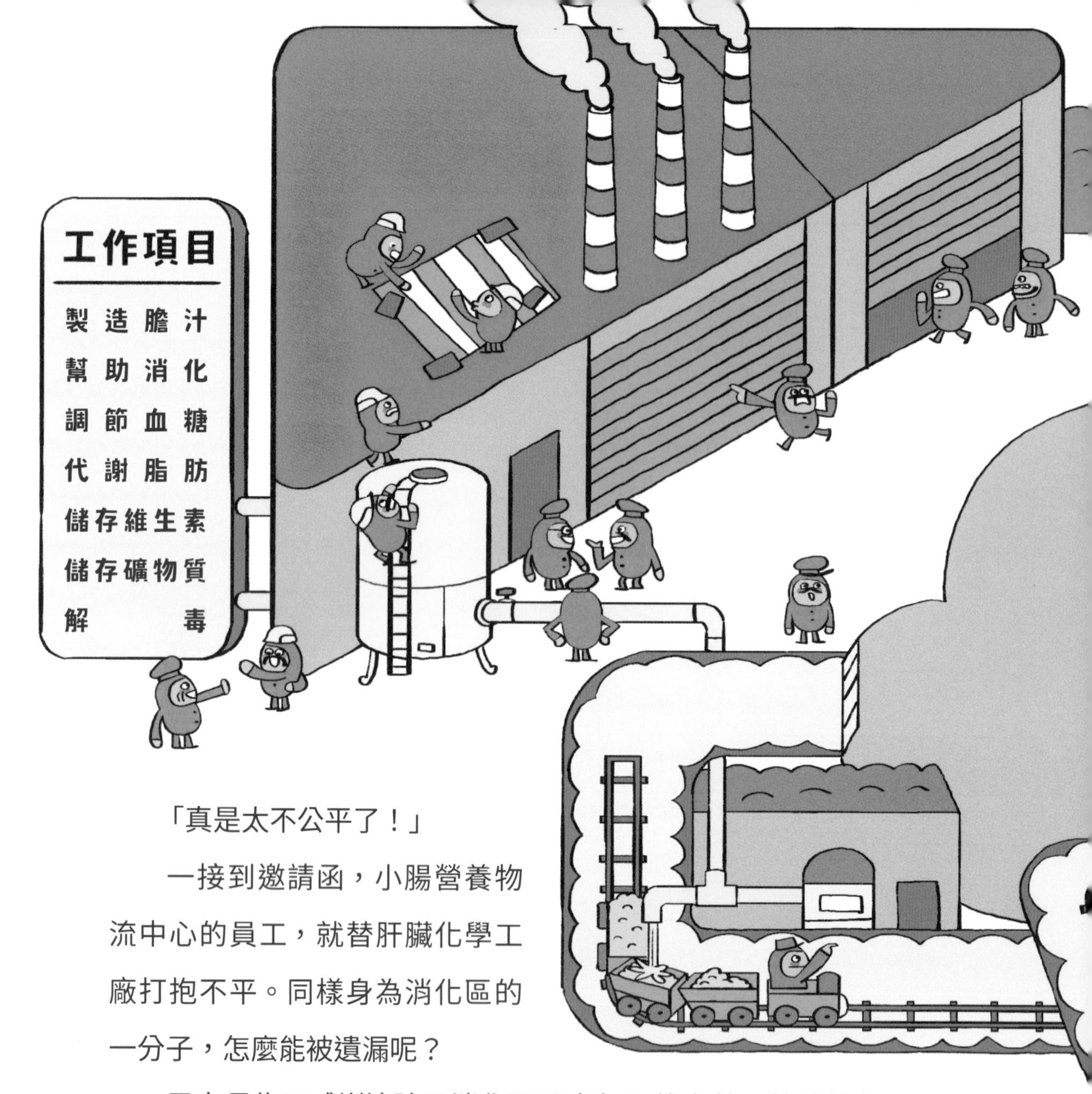

「真是太不公平了！」

一接到邀請函，小腸營養物流中心的員工，就替肝臟化學工廠打抱不平。同樣身為消化區的一分子，怎麼能被遺漏呢？

巴市長為了感謝這陣子消化區器官部門的辛勞，特地籌劃了一場「表揚會」，沒想到忙中有錯，邀請的名單中居然漏掉了「肝臟化學工廠」。這個嚴重的疏忽，引起了同屬消化區其他器官部門的抗議。

肝臟化學工廠是巴第市內很重要的消化器官部門，因為它會製造膽汁，幫助消化。

平時肝臟化學工廠製造的膽汁就儲存在膽囊，當食物送到小腸營養物流中心時，這些膽汁會由膽囊釋出，並經由膽管進入小腸營養物流中心的工作區段「十二指腸」內，協助消化食物。其實，肝臟化學工廠除了製造膽汁，還有許多任務，包括調節巴第市的「血糖」、代謝脂肪、儲存維生素和礦物質等能源，以及去除有害物質的毒性等。另外，肝臟化學工廠自我修復的能力，也是其他器官部

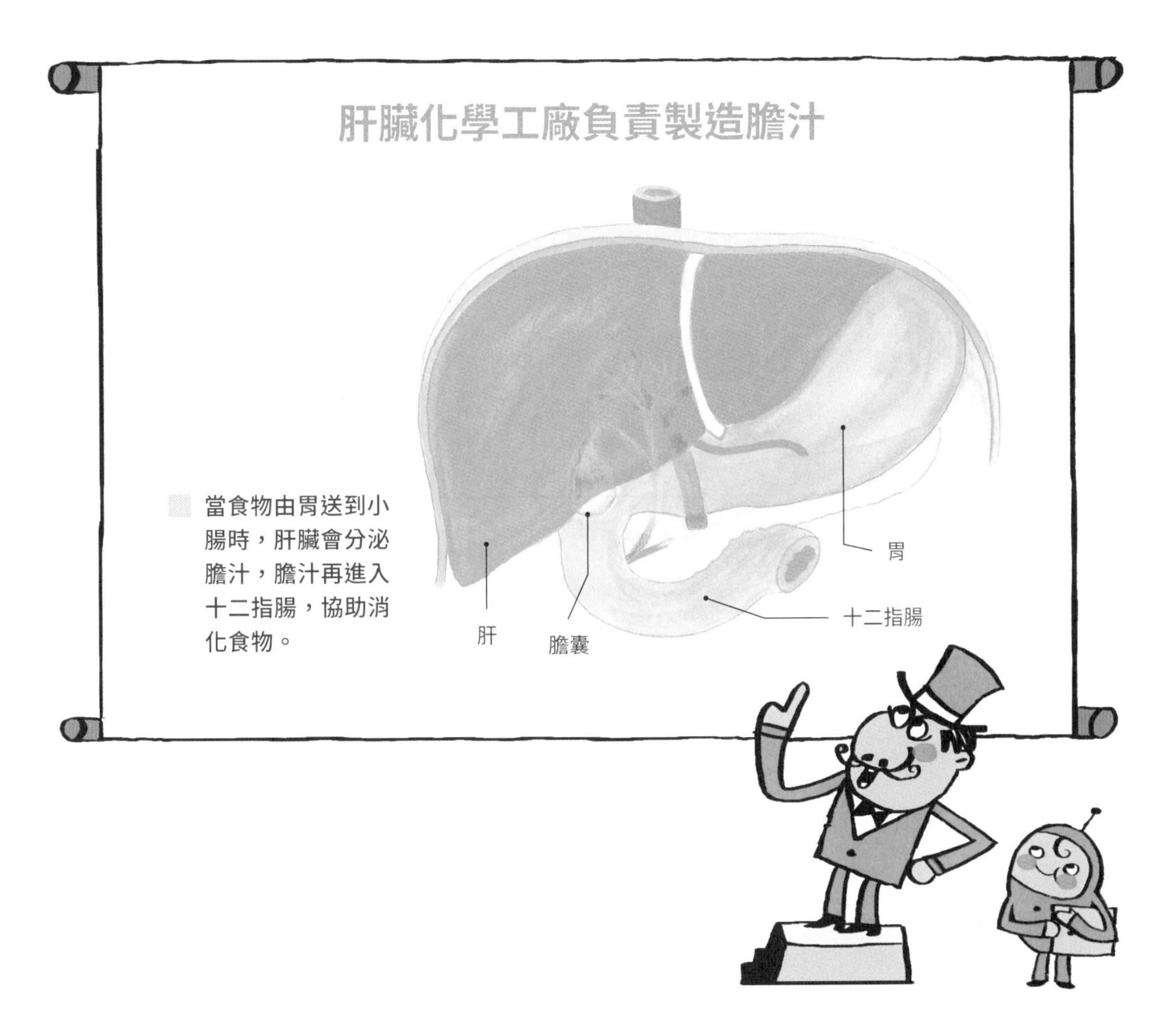

病毒
藥物
有毒物品
脂肪
甜食
發霉食品

門望塵莫及的，即使受到小損傷，經過一段時間，依然能夠恢復正常運作。

雖然其他器官部門為肝臟化學工廠抱屈，不過，肝臟化學工廠的工作人員卻氣定神閒，一句抱怨的話都沒有。通常總是等到事情到了難以收拾的場面時，肝臟化學工廠才會發出怒喊。

「沒想到肝臟化學工廠的員工，個個都有好脾氣！」經過這次事件，肝臟化學工廠的工作人員是「好好先生」的名聲，傳遍整個巴第市。

想要聽到來自肝臟化學工廠的抱怨，的確不容易，不論工作量如何暴增，工作人員仍舊是沉默的一群。例如，最近為了使巴第市運作更順暢，口腔食物進口中心送進了許多成分不明的保健食品，其中某些食品由於含有化學或藥物成分，使得肝臟化學工廠的解毒量、業務量攀升，工作人員全忙得焦頭爛額。

通常，經過小腸營養物流中心處理過的食物或藥物，會被配送到肝臟化學工廠，進行安全審查。一旦發現了有毒物質，肝臟化學工廠會將它們進一步分解為對巴第市無害或傷害較低的物質，然後運送到腎臟環保回收場處理，最後再排出巴第市外。雖然肝臟能夠處理有毒物質，但如果數量太多，負荷量過大，還是會造成肝臟嚴重損傷。

面對解毒工作量大增，肝臟化學工廠的工作人員仍然一聲不吭。不過，消化區區長可無法坐視不管，因為再這麼下去，不僅肝臟化學工廠會遭殃，恐怕連其他部門正常的運作也會受到牽連。

「怎麼會這樣？」巴市長對於事件的發展相當意外，「絕對不能繼續讓它惡化下去。」

隔天，所有成分標示不明的保健食品全被禁止送入巴第市，「除非檢查合格，確認沒有任何有毒物質，否則不准送入巴第市！」工作超量的肝臟化學工廠員工終於鬆了一口氣。

「『好好先生』也要懂得說不！」巴市長苦口婆心的勸肝臟化學工廠的員工們，他可不希望類似的事件再發生。不過，要他們學會這件事可不簡單，看來，在他們學會之前，巴市長只能多提醒、多留意了！

巴第市旅遊指南

聽說肝臟化學工廠前陣子因為受損而暫停開放參觀，請問，現在開放了嗎？
由於肝臟化學工廠修復能力非常出色，所以，目前運作正常，只不過為了避免傷害再次發生，訂定了部分保護措施，請嚴加遵守。
保護措施
1 拒絕收受不明藥品
2 開放時間有限
休息中
3 嚴禁有毒化學物品進入
用心共維護 美景才長久，Happy Body Go Go Go

親愛的巴市長：

您好！我是小愛，大家都說「肝若好，人生是彩色的！」，請問要怎麼做，才算是愛護我們的肝臟？

小愛：

人體的肝臟除了能儲存營養素，還能去除毒素，因此，平時注意保養肝臟，才能維護健康。有5個方法可以幫助我們遠離肝臟疾病：

1避免肝炎病毒入侵：飲食注意衛生，而且不要共用會接觸皮膚和黏膜的用具，例如牙刷和刮鬍刀等，以免有傷口時感染病毒。

2不吃成分不明的藥：任何藥物，包括西藥、中藥和保健食品，都有傷害肝臟的風險。這是因為藥物進入體內，大多需要經過肝臟的代謝，如果藥物吃太多，將會加重肝臟的負擔，有些藥甚至會直接損傷肝臟。即使低劑量的藥，有時也會對某些特異體質的人造成肝傷害，因此，吃藥一定要按照醫生的指示，尤其不吃成分不明或是來路不明的藥。

3遠離有毒化學物品：在日常生活中或是實驗室裡，使用的溶劑或含鉛過量的物品，例如五顏六色的文具和用具、含鉛汽油和油漆等，也會傷害肝臟。如果在吃東西前，手接觸了這些物品，一定要先洗乾淨才行喔！

4攝取酒、脂肪和甜食時、不過量。

5多吃新鮮自然的食物，發霉食物不入口。

生活作息好，愛肝不困難，希望每個人都能小心肝！愛護肝！

愛肝不落人後的巴市長　敬上

第十章

日記裡的祕密

腎臟與尿液形成

值日醫生：吳明修叔叔

一連好幾週，不斷傳出有人體城市遭到熱浪襲擊，導致運作失常的消息。「看來大家都輕忽了熱浪的威力！」巴市長除了要求市民提高警覺外，補充水分也成為工作重點。這段日子，不僅口腔食物進口中心送水的業務量大增，連腎臟環保回收場也跟著忙碌起來。因為送入的水量多，排出的水量也不能少，否則巴第市的水平衡就會出問題。

巴第市擁有兩個腎臟環保回收場。當血液河水流到腎臟環保回收場後，工作人員會回收血液中大部分的水分和有用物質，而不必要的廢物和多餘水分，則形成廢水「尿液」。每天在腎臟環保回收場中過濾的血液大約有 180 公升，只有 1.5 公升會成為尿液。這些尿液之後會經由輸尿管，送達膀胱廢水蓄水池儲存，最後再運出巴第市。

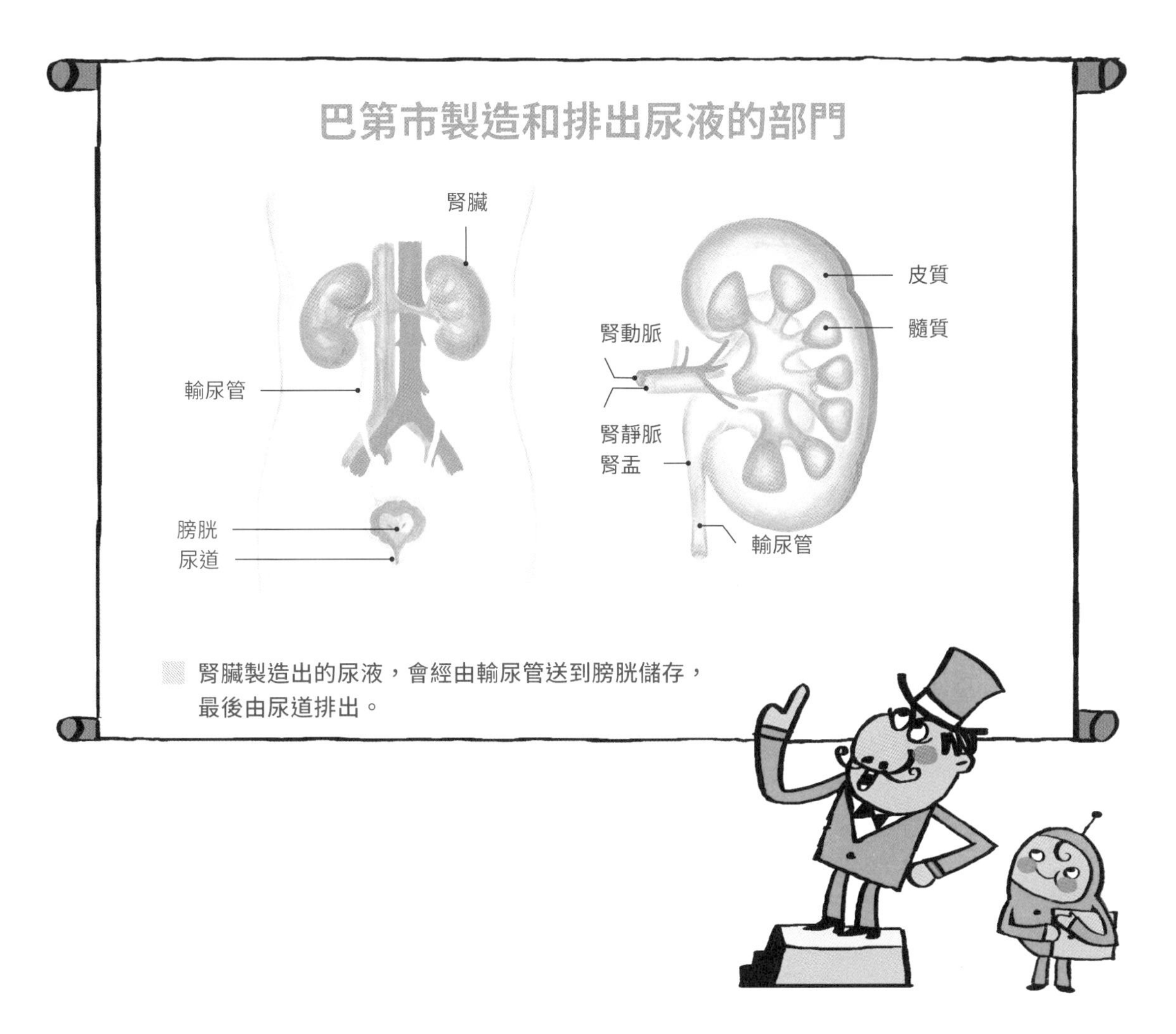

面對巴市長下達「補充水分」的指令，大嘴站長不敢有任何怠惰。為了留下認真工作的好印象，大嘴站長絞盡腦汁想帶給市民們驚喜，從運動飲料、碳酸飲料、果汁到礦泉水等，每天都有不同類型的水分送進巴第市。

「呵呵呵……我這麼有創意，應該是『樂在工作』的表率吧！」大嘴站長對於自己的做法相當得意。

就在大嘴站長沾沾自喜時，卻傳出了腎臟環保回收場裡有一本祕密日記，上頭記滿了口腔食物進口中心每天送進巴第市的水分。

「奇怪？他們為什麼要這麼做？該不會是要說我的壞話吧！」大嘴站長越想越覺得事有蹊蹺。

為了避免處於弱勢，大嘴站長決定展開反擊，他也暗中調查腎臟環保回收場工作人員的一舉一動，他相信一定能找到他們怠忽職守的把柄。

沒想到，大嘴站長精挑細選的水分，不但沒得到巴市長的讚賞，反而還被指責成亂出餿主意。苦心白費的大嘴站長越想越不平，他心想一定是那本祕密日記惹的禍。

「市長，腎臟環保回收場的工作人員，老是在夜晚時偷懶！」大嘴站長決定如法炮製，也向巴市長告上一狀。

「哎呀！大嘴站長，你誤會了！」巴市長說。

任何進入巴第市的空氣、飲料和食物，經過相關部門處理後所

廢水

產生的毒素，最後都會來到腎臟環保回收場。如果毒素太多，工作人員的工作負荷會變重。就是因為這樣，巴市長才要腎臟環保回收場的工作人員記錄下各種水分。至於夜晚不賣力工作，則是另一件烏龍，那是為了避免晚上勞師動眾排放尿液的緣故。

大嘴站長對於自己魯莽的行為感到抱歉，負有把關的責任，卻沒能充分了解各種水分、食物對巴第市的影響，他覺得很慚愧。

「絕對不能當個井底之蛙！」大嘴站長下定決心好好學習，這麼糗的事可不能再經歷一次。

巴第市旅遊指南

當夏季氣溫高時，送入巴第市的水量大增，所以，腎臟環保回收場也努力工作回收水分，以致工作量破表，無法接待訪客。想參觀的遊客，還是挑春、秋、冬三季吧！

為什麼腎臟環保回收場在夏季時不對外開放參觀？

挑對時機 參觀不撲空，Happy Body Go Go Go

小山：

我們喝進的水和吃進的食物中所含的水分，除了會經由腎臟處理後，變成尿液，排出體外，人體其實還有另外三種方式排除體內多餘的水分，分別是藉由皮膚「蒸發水分與流汗」、肺臟「呼吸」，以及由腸道「排便」等。

以 30 公斤重的小朋友來說，通常一天的排尿量大約是 700cc 到 1400cc，呼吸中流失的水分大約是 200cc，皮膚蒸發水分和排出的汗水大約是 300cc，排便所含的水分大約是 50cc，合計起來，人體每天流失的水分至少有 1500cc，其中以排尿的量最大。

當血液進入腎臟後，腎臟的「腎小球」會先過濾這些血液，再由「腎小管」回收血液中大部分的水分和有用的物質，所剩下的廢物與多餘的水分，便形成尿液了。

適時補充水分，身體才不會出現脫水現象。該去上廁所時，也千萬別憋尿喔！

同樣愛喝水的巴市長　敬上

第十一章

最後的贏家

膀胱與尿液排放

值日醫生：徐明洸叔叔

如果票選巴第市最不受歡迎的地點，肛門垃圾場出口和膀胱廢水蓄水池絕對名列前茅，因為沒人喜歡堆放垃圾的地方。不過，和垃圾場相比，廢水蓄水池可幸運多了，因為廢水「尿液」天天排放好幾回，絕對不會發生堆積兩、三天而變臭變硬的情況。

血液河水經過腎臟環保回收場過濾後，形成的廢水「尿液」，會經由輸尿管送到膀胱廢水蓄水池儲存。外觀呈袋狀的膀胱廢水蓄水池，會隨著儲存尿液量的不同而調整容量。當儲存的尿液量達到大約 200cc 時，膀胱廢水蓄水池就會發出訊息給大腦市政府，而市政府的排尿中心接收到訊息後，會立即決定是不是要排出這些廢水。膀胱廢水蓄水池儲存的尿液量越多，傳送到大腦的尿液訊息也就越強烈。

「姊妹市市長來電，他希望和巴第市一起組隊，參加超級城市選拔賽。」阿強祕書向巴市長報告最新電報內容。

「當然沒問題！」巴市長欣然同意這項邀約。

超級城市選拔賽是人體城市最激烈的競賽之一，不僅城市運作要順暢，危機處理能力、基本常識問題的了解，也都在評分項目內。這回，巴第市和姊妹市聯手參加，巴市長相信以兩市平常優異的表現，奪下金牌應該不是一件難事。不過，姊妹市的市長可就不

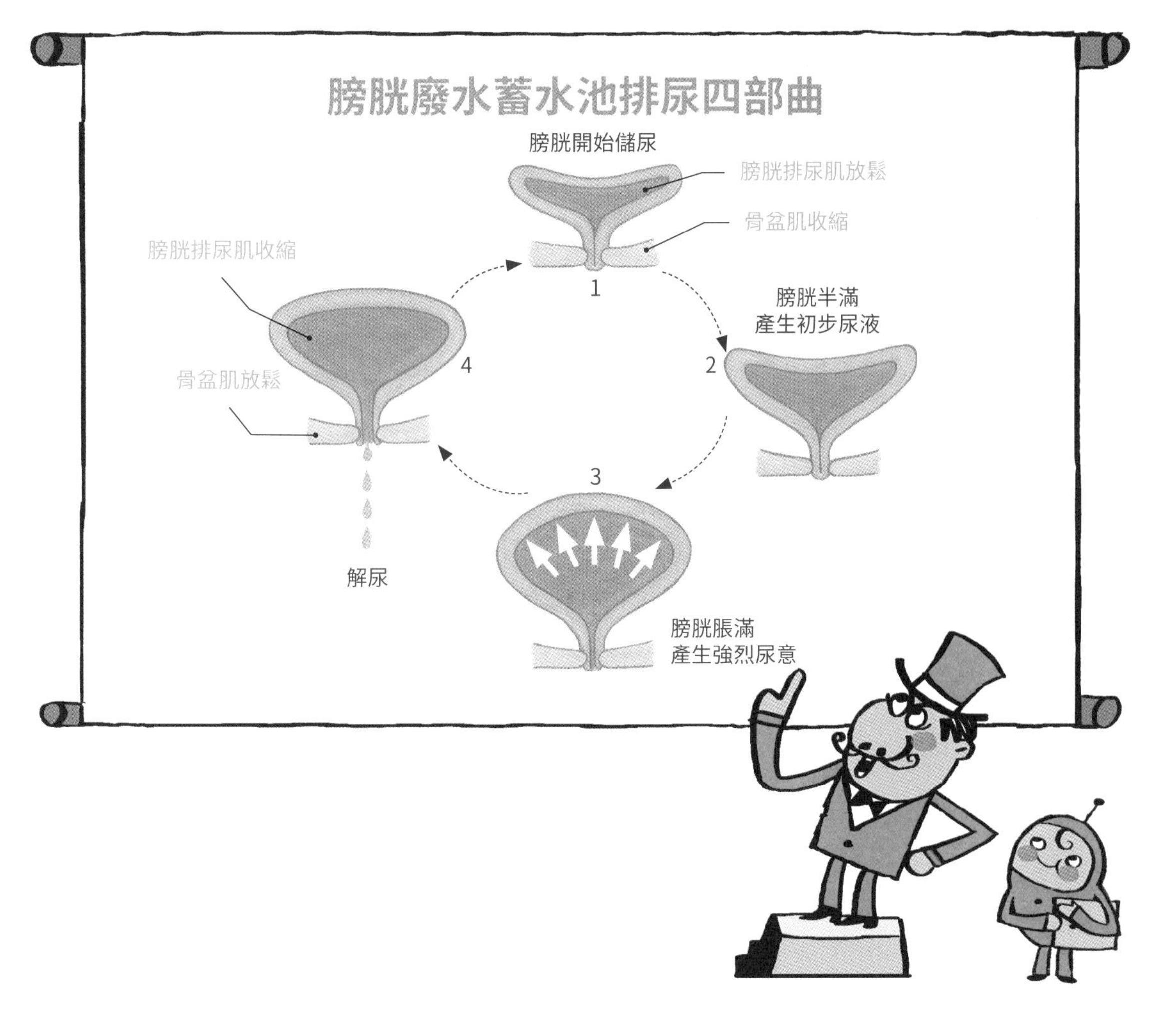

這麼樂觀了。他認為多一分準備，就多一分把握，再多的練習和準備都是必要的，所以正式比賽前，姊妹市全市展開魔鬼式訓練。

「市長，目前姊妹市正如火如荼的展開訓練活動，請問我們也要跟進嗎？」阿強祕書對於巴第市毫無動靜，感到有些擔憂。

相較於阿強祕書和姊妹市市長的緊張，巴市長可就有自信多了。「巴第市只要展現平日水準，用平常心面對，應該會沒問題的！」市民們全都贊同巴市長的想法。所以，即使比賽在即，生活和工作都如同往常，沒什麼改變。

比賽的日子終於到了，人體城市個個蓄勢待發，一心只想展現最好的實力。由於實力相差不遠，所以戰況相當激烈，巴第市和姊

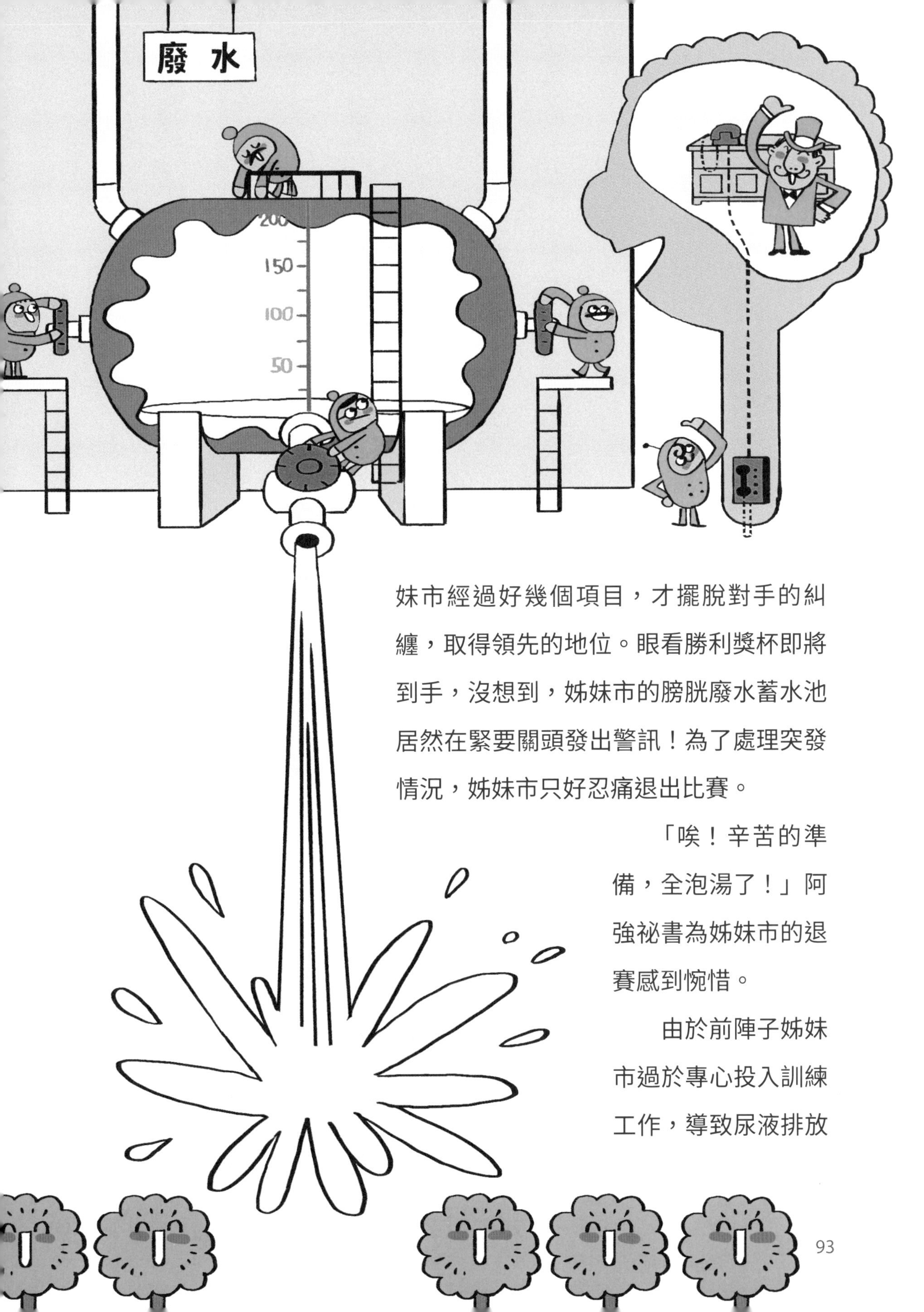

妹市經過好幾個項目，才擺脫對手的糾纏，取得領先的地位。眼看勝利獎杯即將到手，沒想到，姊妹市的膀胱廢水蓄水池居然在緊要關頭發出警訊！為了處理突發情況，姊妹市只好忍痛退出比賽。

「唉！辛苦的準備，全泡湯了！」阿強祕書為姊妹市的退賽感到惋惜。

由於前陣子姊妹市過於專心投入訓練工作，導致尿液排放的時間間隔太長，而這些尿液都是一些無用或含有有毒物質的廢水，一旦儲存時間過長，膀胱廢水蓄水池的功能就受到了影響，才會發出警訊。

到手的獎杯飛了，巴市長和姊妹市的市長都十分遺憾。不過，「塞翁失馬，焉知非福」，有了這次教訓，姊妹市再也不敢輕忽尿液排放的問題，雖然沒能得獎，但今年的經驗，絕對能為明年傑出的表現打下好的基礎！

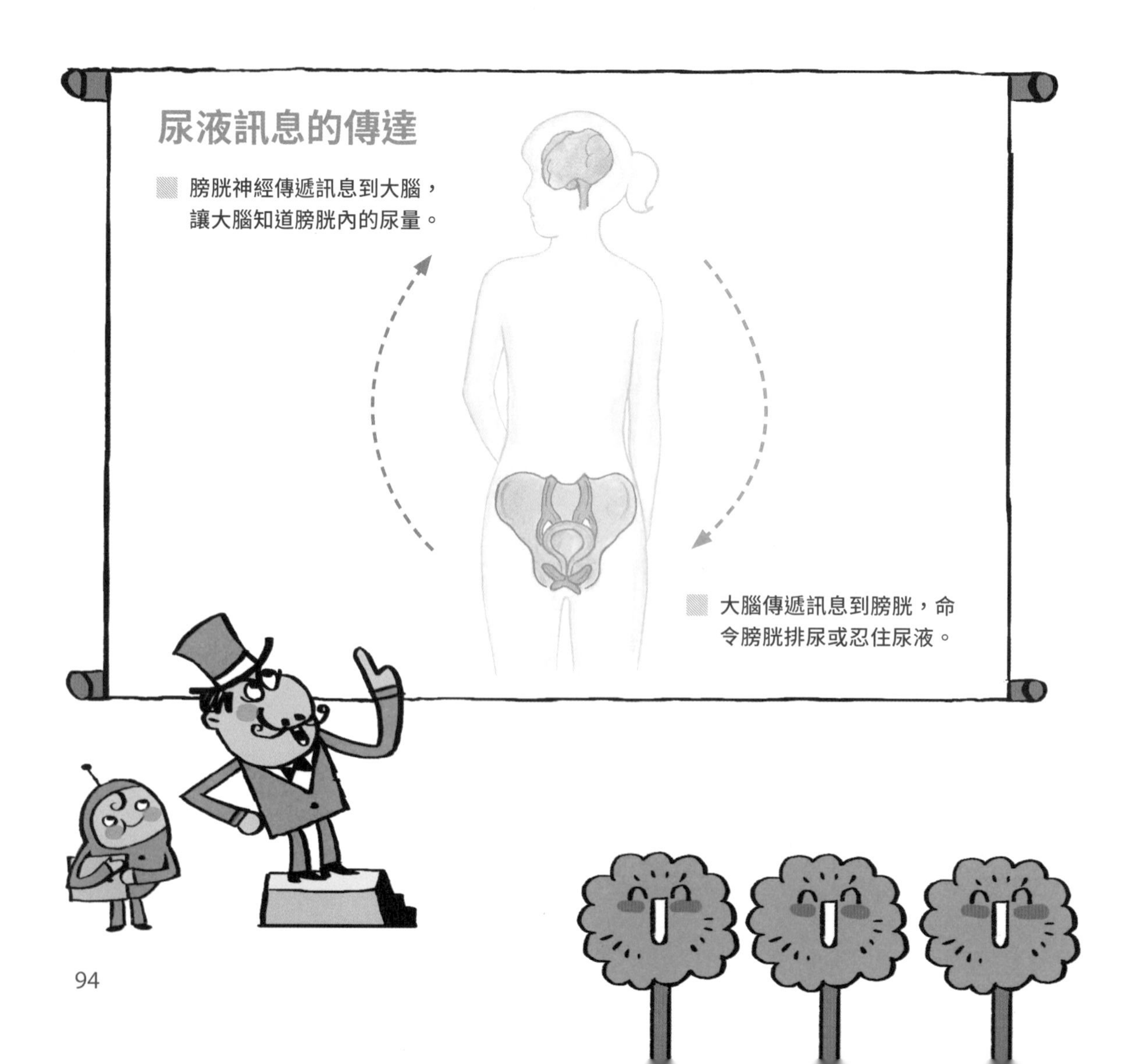

巴第市旅遊指南

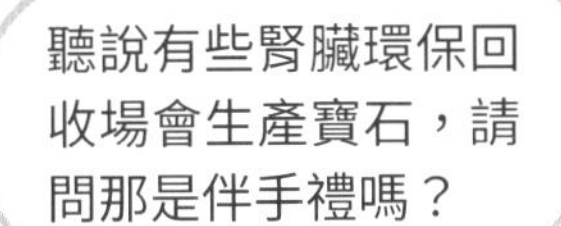

處理腎結石的方法

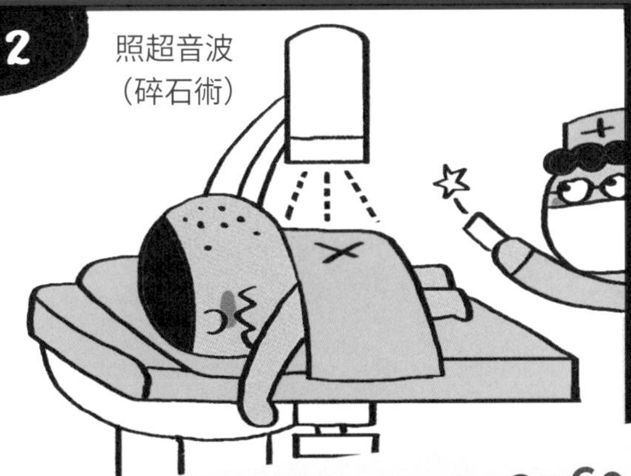

做好功課 伴手禮不買錯，Happy Body Go Go Go

親愛的巴市長：
您好！我是小宇，我不喜歡上廁所，所以，我都很少喝水，可是有人說這麼做是不好的，真的嗎？

不喜歡上廁所的小宇：

你的習慣不大好喔！小朋友如果水喝得少，膀胱中儲存的尿液就會變少，排尿次數自然也會減少。由於尿液中多少都有一些細菌，所以長時間憋尿就會造成尿液中的細菌大量繁殖，而引發膀胱炎，在症狀上會出現頻尿、膀胱脹痛、下墜感，以及排尿時有灼熱感。

這時得趕快補充水分、勤上廁所，必要時要去看醫生，請醫生開處方，吃抗生素。細菌性膀胱炎如果沒有治療好，細菌有可能會往上侵襲，引起腎發炎。將來，膀胱很容易會再受到細菌感染，腎臟功能也會受到影響。女生的尿道先天上比較短，所以細菌容易進入膀胱，平時更需要注意，不要任意憋尿喔！記得要多喝水、勤上廁所，尿道裡的細菌才能被沖光光！

巴市長　敬上

第十二章

間諜竊密事件簿

尿液的顏色

值日醫生：蔡宜蓉阿姨

「糟了！出事了⋯⋯」

剛進辦公室的巴市長，椅子還沒坐熱，就聽見阿強祕書大呼小叫的。沒多久，阿強祕書一臉驚恐的站在巴市長面前，似乎有一場大災難要降臨了⋯⋯

「根據尿道地下汙水管的工作人員回報，最近尿液的顏色由黃色變成褐色。」阿強祕書憂慮的說，「他們很擔心巴第市內部的運作是不是出現了問題？」

巴第市內不必要的廢物和多餘的水分，在腎臟環保回收場形成尿液後，經過輸尿管，儲存在膀胱廢水蓄水池中，等到儲滿後，再透過尿道地下汙水管，排出巴第市。尿液中含有尿色素，在正常情況下，尿液會呈現淡黃色或黃褐色。由於腎臟環保回收場每天製造

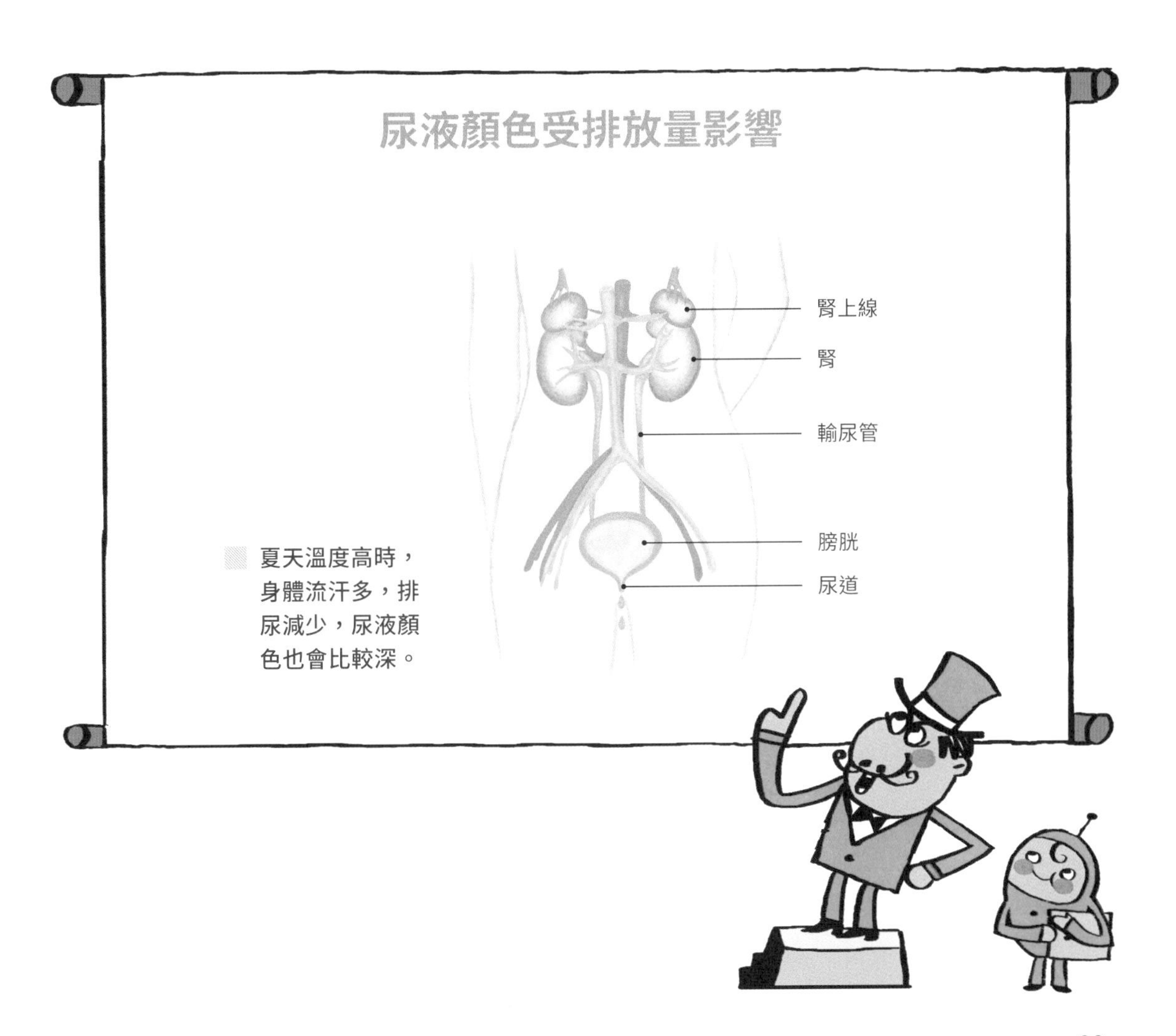

出的尿色素是定量的，
所以，尿液量多或少，會影
響尿液顏色的深淺。

為了解決工作人員的疑慮，巴市長立刻著手調查。從腎臟環保回收場、膀胱廢水蓄水池到尿道地下汙水管，全都澈底清查了，結果，什麼問題都沒發現，整件事情陷入了膠著。這到底是怎麼回事？這時，皮膚保護牆回傳執行散熱工作的成效，這才使事情出現了曙光。

「哎呀……我怎麼沒想到呢！」巴市長終於找到了尿液顏色改變的原因。夏天溫度高時，由於流汗，水分蒸發多，尿液排放量減少，因此尿液中的尿色素濃度高，顏色自然就會比較深。之前工作人員的揣測，全是空穴來風，弄清楚真相後，巴市長終於可以鬆口氣。

當巴第市被尿液顏色的問題困擾時，其他的人體城市也不平

靜，因為有間諜出沒，許多人體城市的機密全曝了光！這個消息非同小可。「到底間諜是如何取得那些機密資料的？」大家全都議論紛紛。在逮到間諜前，大夥兒決定，當務之急，就是先找出洩密的管道。

「人體城市防守嚴密，根本無法擅自闖入，間諜到底是如何做到的？」這個問題讓巴市長陷入思考。「啊……該不會是從排放的垃圾和廢水下手的吧！」

由人體城市排放的垃圾「糞便」和廢水「尿液」，其實隱藏了許多祕密。首先，從尿液的顏色就能看出端倪，它會透露出是否有器官部門出現異常。另外，將尿液放入各類顏色的試紙，能檢測出不同的物質，藉以判斷人體城市在運作時是不是有部分機能出現警訊，需要及早處理。

這下子，終於找到間諜竊取資料的方法。不過，問題剛解決，新麻煩緊接而來：人體城市每天都得進行好幾回的廢水排放，該如何防止間諜竊取呢？經過各個人體城市的市長們緊急會商後，大家決定加強巡邏工作，同時，在進行廢水排放時，不准任何可疑分子靠近。

「各位，保密防諜的工作一刻都不能鬆懈呀！」巴市長告誡全體市民。這回，間諜竊取資料事件，帶給人體城市相當大的震撼，看來，凡事都得小心謹慎，才是上上策呢！

細節不疏忽 旅遊更有趣，Happy Body Go Go Go

親愛的巴市長：
您好！我是常常憋尿的大頭王，其實我不是故意這麼做的，只不過，遊戲玩到一半去上廁所，很掃興。請問，這麼做真的不好嗎？

大頭王：

通常，膀胱儲存大約 150cc 到 200cc 尿液時，大腦就會發出命令，讓人有想去小便的感覺，這就是我們常說的「尿意」。如果尿量累積到 200cc 到 400cc 時，尿意就會十分強烈，膀胱很脹，這時應該趕快去排尿。

經常憋尿很容易使膀胱一直處在很大的壓力，長期下來，膀胱肌肉就會失去彈性，導致膀胱收縮時沒有力氣，而無法把我們身體所產生的廢水「尿液」排乾淨。這時，膀胱中的細菌就會大量繁殖，造成血尿、急性膀胱炎等感染，情況嚴重的話，甚至會造成腎臟發炎或導致敗血症，危害到腎臟的健康和生命安全。

許多小朋友都有在遊戲時憋尿的經驗，其實一旦有尿意，應該立即排尿，千萬別因為貪玩而忍著不去上廁所，這樣會對健康有不好的影響喔！

大頭王，感覺有尿意，記得趕快去上廁所，憋尿憋出毛病，那可就得不償失了！

不喜歡憋尿的巴市長　敬上

少年知識家

巴第市系列 2：間諜竊密事件簿

作者｜施賢琴、張馨文、羅國盛、徐明洸、林伯儒、蘇大成、吳明修、何子昌、陳羿貞、王莉芳、蔡宜蓉

繪者｜蔡兆倫、黃美玉

責任編輯｜楊琇珊
封面設計｜初雨設計
內頁版型設計｜蕭華
內頁排版｜中原造像股份有限公司
行銷企劃｜李佳樺

天下雜誌群創辦人｜殷允芃
董事長兼執行長｜何琦瑜
媒體暨產品事業群
總經理｜游玉雪
副總經理｜林彥傑
總編輯｜林欣靜
行銷總監｜林育菁
主編｜楊琇珊
版權主任｜何晨瑋、黃微真

出版者｜親子天下股份有限公司
地址｜台北市104建國北路一段96號4樓
電話｜（02）2509-2800　傳真｜（02）2509-2462
網址｜www.parenting.com.tw
讀者服務專線｜（02）2662-0332　週一～週五：09:00~17:30
傳真｜（02）2662-6048　客服信箱｜parenting@cw.com.tw
法律顧問｜台英國際商務法律事務所 · 羅明通律師
製版印刷｜中原造像股份有限公司
總經銷｜大和圖書有限公司　電話：（02）8990-2588

出版日期｜2014年10月第一版第一次印行
2024年5月第二版第一次印行
定價｜330元　書號｜BKKKC269P
ISBN｜978-626-305-855-2（平裝）

訂購服務
親子天下 Shopping｜shopping.parenting.com.tw
海外 · 大量訂購｜parenting@service.cw.com.tw
書香花園｜台北市建國北路二段6巷11號　電話（02）2506-1635
劃撥帳號｜50331356　親子天下股份有限公司

立即購買 >

國家圖書館出版品預行編目(CIP)資料

間諜竊密事件簿：人體城市的營運中心：口腔.消化.排泄 / 施賢琴, 張馨文, 羅國盛, 徐明洸, 林伯儒, 蘇大成, 吳明修, 何子昌, 陳羿貞, 王莉芳, 蔡宜蓉作；蔡兆倫, 黃美玉插圖. -- 第二版. -- 臺北市：親子天下股份有限公司, 2024.05
104面；18.5×24.5公分. -- (巴第市系列；2)
ISBN 978-626-305-855-2(平裝)

1.CST: 人體學 2.CST: 醫學 3.CST: 通俗作品

397　113004672